曹荣　刘静　著

数字孪生与智能工厂

DIGITAL TWIN AND SMART FACTORY

技术与应用

TECHNOLOGY AND APPLICATION

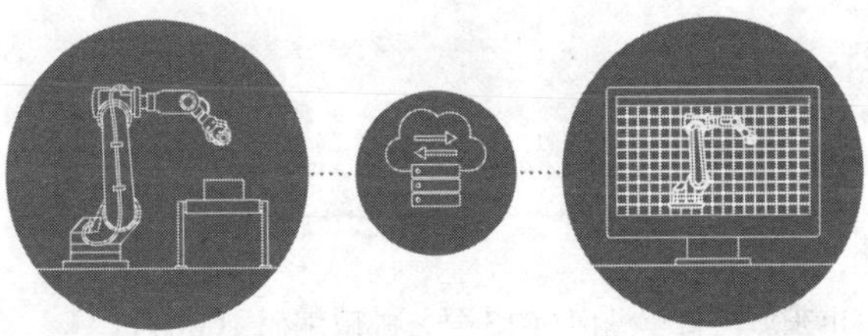

化学工业出版社

·北京·

内容简介

《数字孪生与智能工厂：技术与应用》系统阐述了数字孪生技术从理论到多层级工业场景的落地实践，构建了覆盖工厂、车间、产线、设备四级架构的完整知识体系。全书以数字孪生核心技术为基石，深入解析了感知-网络-建模-仿真的技术闭环，并融入AI赋能的精益仿真体系，形成"理论-架构-路径"三位一体的方法论。在应用层面，本书既包含智能工厂总体设计、虚实集成、VSM优化等宏观方案，又细化到工具磨床结构、电子装备管控、生产线调试等具体场景，同时延伸至航空发动机、精密刀具、纺织等垂直领域的标杆案例。本书特色在于打破技术孤岛，通过物流规划、设备PHM、就绪度评估等延伸模块，形成全生命周期管理闭环，兼具技术深度与产业广度。

本书适合制造企业技术研究人员、工业软件开发者、智能制造领域管理者阅读，也可以作为智能制造相关专业的教材使用。

图书在版编目（CIP）数据

数字孪生与智能工厂 ： 技术与应用 / 曹荣，刘静著. 北京 ： 化学工业出版社，2025. 10. -- ISBN 978-7-122-48788-9

Ⅰ. TH166

中国国家版本馆CIP数据核字第2025VC6092号

责任编辑：雷桐辉
文字编辑：蔡晓雅
责任校对：刘曦阳
装帧设计：王晓宇

出版发行：化学工业出版社
（北京市东城区青年湖南街13号　邮政编码100011）
印　　装：大厂回族自治县聚鑫印刷有限责任公司
710mm×1000mm　1/16　印张11¾　字数214千字
2025年10月北京第1版第1次印刷

购书咨询：010-64518888　　售后服务：010-64518899
网　　址：http://www.cip.com.cn
凡购买本书，如有缺损质量问题，本社销售中心负责调换。

定　　价：69.80元

Preface 前言

当今世界正处于新一轮科技革命和产业变革的浪潮之中，以人工智能、物联网、大数据、云计算等为代表的数字技术正在深刻重塑全球制造业的竞争格局。在这一背景下，数字孪生（digital twin，DT）技术作为物理世界与数字世界深度融合的关键使能技术，正日益成为推动制造业数字化转型的核心驱动力。从航空航天到汽车制造，从电子装备到纺织服装，数字孪生技术正在各行业掀起一场智能制造的革命。

数字孪生的概念最早可追溯至 2003 年美国密歇根大学 Michael Grieves 教授提出的“镜像空间模型”，其核心要义在于通过构建物理实体的数字化镜像，实现虚实之间的实时交互与协同优化。经过二十多年的发展，数字孪生技术已经从最初的单一产品仿真，演进为涵盖产品全生命周期、制造全流程、企业全价值链的综合性技术体系。特别是在工业 4.0 和智能制造战略的推动下，数字孪生正在与新一代信息技术深度融合，展现出前所未有的应用潜力。

在制造业数字化转型的过程中，智能工厂作为核心载体，其建设水平直接决定了企业的核心竞争力。而数字孪生技术通过构建工厂物理空间的数字映射，实现了对制造过程的可视化、可预测和可优化。

本书立足于当前制造业数字化转型的实际需求，系统性地构建了数字孪生技术在智能工厂中的应用框架。全书共分为 7 章，采用从理论到实践、从宏观到微观的递进式结构，全面阐述了数字孪生技术在制造业各层级的应用方法与实施路径。

第 1 章系统梳理了数字孪生的感知技术、网络技术、建模技术和仿真技术等关键技术体系，还深入探讨了数字孪生与人工智能的融合发展趋势。

第 2 章创新性地提出了数字孪生工厂的“四维集成”架构，包括物理维度、虚拟维度、数据维度和服务维度。还以工具磨床数字孪生系统为例，详细阐述了数字孪生工厂的实施路径和评估体系。

第 3 章提出的数字孪生车间“感知 - 建模 - 仿真 - 优化”闭环体系，为车间级智能制造提供了完整的解决方案。

第 4 章提出的“三维可视化 + 智能调度”技术框架，有效解决了传统产线调试周期长、柔性不足的痛点。

第 5 章构建的设备全生命周期数字孪生模型，将传统的事后维修转变为预测性维护。特别是基于数字孪生的 PHM（预测与健康管理）系统，为设备可靠性的提升提供了创新性的解决方案。

第 6 章提出的数字孪生物流系统“五层架构”，实现了从仓储到配送的全流程可视化与智能化。

第 7 章选取了航空发动机、精密刀具和纺织三个典型行业，深入剖析了数字孪生技术的差异化应用模式。

当前，全球制造业正面临前所未有的变革机遇。数字孪生作为智能制造的关键使能技术，其发展前景广阔但挑战也不容忽视。在技术层面，如何实现多源异构数据的实时融合、如何构建高保真度的仿真模型、如何确保系统的安全可靠，都是需要持续攻关的方向。在实施层面，企业需要根据自身的数字化基础，制定循序渐进的转型路径。希望本书能够为相关领域的从业者、研究者和决策者提供有益的借鉴，共同推动中国制造业的智能化升级。

著 者

目录 Contents

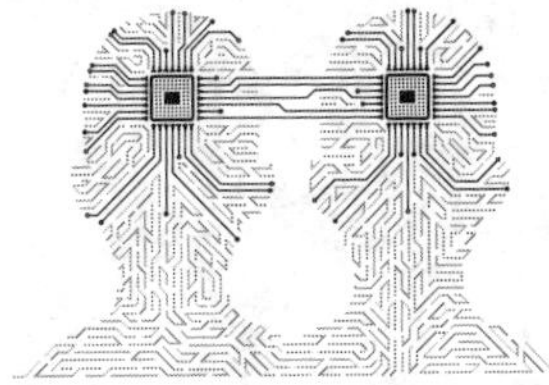

第1章

数字孪生基本概述

第2章

工厂级数字孪生

第4章

产线级数字孪生

079 ~ 105

第5章

设备级数字孪生

106 ~ 128

第 **1** 章

数字孪生基本概述

1.1
数字孪生概念特征与关键技术

1.1.1 数字孪生的概念特征

数字孪生也称为数字化映射，是一种超越现实的概念，它是根据现实世界中的物理对象，在数字空间中构建一个与之相对应的数字模型，即映射模型，通过整合分析数据信息，运行数字模型，对现实的物理对象产生、发展和消亡的全部生命周期进行准确的模拟、预测和评估，从而实现决策优化升级的一种技术手段。物理对象是现实中存在的实物或行为、过程的统称，数据信息是海量且复杂的运行数据，是物理传感器更新的实时数据和运行历史数据的总和。

（1）数字孪生的发展历程

最初，数字孪生技术被美国国防部应用于航空航天领域，通过打造一个与太空航天器一模一样的航空飞行器，来实时反馈太空航天器的运行状态，并及时做出调整，保证航空航天飞行器的正常运转。2003 年，密歇根大学的 Michael Grieves 教授首次将这种数字映像技术命名为数字孪生，并且在之后的几年中，数字孪生技术的应用已经不局限于航空航天领域，在各行各业中的应用价值也逐渐体现。

2013 年，美国空军研究实验室发布 Spiral 1 计划，意欲实现战斗机维护工作的数字化。美国通用电气公司在提供 F-35 战机时，注意到了数字孪生技术在降低维护成本方面的价值，这也是数字孪生技术发展历程中的重要一步。德国西门子崇尚新兴技术，将数字孪生技术融入本企业的技术部门，实现了数字孪生向工业领域的迈进和推广。

2015 年，中国开始重视数字孪生在工业中的应用，国内许多企业和研究机构陆续开展了数字孪生的相关研究。近几年，随着数字孪生技术的持续发展，产业各界纷纷尝试将其融入自己的领域，现如今数字孪生在制造业、农业、城市管理、交通、医疗、环保等领域发挥其智能效用。未来，数字孪生预计将会在各行各业中得到应用和推广，加速数字经济转型进程，推动全球数字经济增长。

（2）数字孪生的典型特征

数字孪生作为一种新兴的技术理念，拥有不同于其他数字化技术的特征。数字孪生技术依赖于物理模型、仿真技术、AI、物联网、大数据等技术，具有较强的适用性和可延展性，在技术、系统和行业等领域能够实现跨越互通，帮助城市实现全要素的虚拟化和数字化，实现状态实时可视化。数字孪生的技术特征可以概括为四点，如表1-1所示。

表1-1 数字孪生的技术特征

技术特征	具体内容
虚实映射	在数字空间中构建的物理模型，需要和现实中的物理对象呈现出镜像映射、准确投影的状态，达到虚拟世界和现实世界的交相呼应
实时同步	利用物理传感器等多项器械设备，获取实时的动态数据，并将数据信息全面呈现、精准表达，在数字空间中反映物理对象的状态变化
共生演进	数字空间中的孪生体与现实世界中的物理对象同时生存发展、同步演进更新，在生命周期中的各个阶段，两者都呈现出相互依存的关系
闭环优化	孪生体可以映射出物理对象的发展规律和模式，再根据数据信息，输出操纵物理对象的指令，实现决策的优化，这也是数字孪生的最终目的

(3) 数字孪生系统的实现路径

数字孪生技术需要借助物联网、仿真、建模等技术，将物理世界与数字孪生空间连接在一起，创建一个信息交互闭环。它参照现实世界中的物理实体构建一个虚拟的数字化镜像，将想要对物理实体执行的操作先施加到数字化镜像上，观察数字化镜像的反应，来判断物理实体在同样的境况下可能做出的行为与表现，从而对物理实体的运行状态进行实时监测，及时发现问题，并对其发展趋势做出准确预测。

1.1.2 数字孪生的感知技术

随着制造业数字化升级进程的不断推进，数字孪生技术在智慧工厂建设中发挥着越来越重要的作用。通过创建实体对象的虚拟映射模型，数字孪生技术能够在虚拟空间实时同步实体产线的动态变化过程，从而实现生产状态监控、预测式运维、异常检测分析和系统调试优化。为保证虚拟模型对实体对象映射具有高保真度，数字孪生技术需要集成IOT（物联网技术）、建模、仿真等技术，在平台化架构的支撑下，融合多源数据，构建多模块协同计算管理模型，形成数据驱动下虚实联动的闭环反馈机制。

从整体构成来看，完整的数字孪生系统往往由四部分组成。

① 数据采集与控制实体。是整个数字孪生体系的基础，集成了感知、控制、标识等技术，为物理实体与信息系统的交互提供支撑，既负责底层生产数据的向上传输，又负责上层控制指令的执行。

② 核心实体。集成大数据、人工智能、边缘计算、云计算等通用支撑

技术，在数据流的驱动下实现模型构建与融合、仿真分析、系统扩展等功能，包括运行管理子实体、应用和服务子实体、资源访问和交互子实体，是承载孪生体、集成多种应用功能的关键模块。

③ 用户实体。提供沉浸式的人机交互界面，通过可视化技术和 VR（虚拟现实）、AR（增强现实）等技术呈现生产状态信息，并接收人为控制指令。

④ 跨域实体。提供数据流跨模块传输通道，保障整个数字孪生系统的运行安全。

数据流是数字孪生体系运行的重要驱动，而数据流的获取需要依赖感知层的多模态传感装置部署，因此感知层在整个数字孪生体系架构中承担着为上层仿真分析与决策优化提供输入源的重要作用。在传感装置的帮助下，感知层获取实体设备及其所处环境的运行参数，构建基于动态数据监测与实时交互的镜像映射机制，保证物理实体与其数字化模型在属性参数、运行逻辑和业务流程方面的实时同步。

感知技术是数字孪生体系中的一项关键核心技术。为进一步满足智能化、自动化生产的需要，需要构建多维立体的数据感知网络。一方面，这需要传感器具备更高的精度与更强的鲁棒性，能够适应多种生产场景；另一方面，还需要针对数据间的协同交互，打造多模块协同交互与数据关联分析机制，标定物体的区域空间位置与识别信息，保证设备交互的安全性与稳定性。

（1）数字孪生全域标识

全域标识体系是数字孪生模型与物理实体的映射纽带，通过为物理实体创建数字化身份凭证，应用全球唯一标识符（GUID）分配机制，可以确保现实中的物理实体能够在数字模型中获取精确对应，从而实现物理实体状态与虚拟模型的实时同步更新。此外，在物联网技术的支撑下，物理系统与信息系统具备彼此交互能力，从而使得针对虚拟模型的控制指令能够对应传导至其物理实体。这种基于数据流的双向互动机制，能够进一步释放数据价值，推动异构系统之间的互联互通。

数字孪生全域标识的应用，确保了数字孪生体系中身份认证信息的唯一性与不可篡改性。通过为物理实体及其数字映射建立全局唯一的身份标码，数字孪生全域标识构建了跨系统的资源流通与关联网络，能够实现资产数字化管理，并支持特定资产的高效检索与物理定位。当前应用较多的物体标识主要包括 Handle 分布式标识系统、Ecode 物联网编码体系以及 OID 对象标识符等。

（2）智能化技术

随着数字孪生技术应用的不断深化，其面临的应用场景更加多元，多维数据同步采集、物理实体与虚拟数字模型的高保真映射成为新的功能重点，这也对传感装置提出了更高的要求。

智能传感器通过集成传统传感器的物理信号感知功能和专用微处理器的数据处理、信息分析、功耗管理、自校准等功能，形成了数据采集能力和数据处理能力的复合型感知终端，从而解决了传统传感器在应用过程中存在的数据精度较低、保真度较差、功能单一等问题。相较于传统传感器，其核心优势在于能够实现数据的分析与存储，自动调整运行参数以防止传感单元过载，具备一定的需求响应能力，可以进行数采模式的智能切换。这些优势决定了智能传感器在应用过程中数据采集的质量更高、响应速度更快，能够适应更多的场景，既能够作为数据采集端口，又能够作为采集设备监控终端，为虚实空间动态模型的精准同步提供了有力支撑。

（3）多传感器融合技术

多传感器融合技术即集成多类型传感器技术，将原有的单一传感模块变为多源异构传感器网络，从而实现对同一对象的多维度信息感知或对不同对象信息的并行感知。同时，系统能够在多传感器信息采集的基础上进一步实现数据处理，将非结构化数据转化为便于存储和分析的结构化数据，并提取这些数据的特征矢量，在聚类算法、自适应神经网络等模式识别算法的支撑下解析目标特性参数，并以目标类型为依据，对传感器目标说明数据执行聚类分析和跨节点关联操作。最终融合数据，得到生成目标对象的多维度描述模型。

多传感器数据融合的应用既能够利用多个传感节点从不同维度描述同一对象，实现基于同一目标的传感数据彼此验证；又能够支持多目标特征描述，有效解决数据采集不全面、运行过程中抗干扰能力差等问题，显著提升监测系统的容错能力、环境适应性、动态响应效率。

1.1.3 数字孪生的网络技术

在数字孪生系统中，数据采集为上层系统提供数据输入源，而通信网络则为底层系统的数据上传和上层系统的制定下达提供了数据通信链路，是物理设备和虚拟模型实现高精度、低延迟动态交互的基础。一方面，网络层能够为设备健康监测、远程控制等关键核心业务提供端到端的传输保障，保证海量业务数据的高效、稳定传输；另一方面，网络层能够传输资源的智能调度，利用自组织网络优化技术优化配置网络资源。

在物联网技术革新的推动下，高灵活性、多场景适应性、智能化成为通信网络应用的新要求。首先，随着智能终端多元化的发展，通信网络需要具备一定的灵活性与可扩展性，为多种异构终端提供接口；其次，应用场景中业务的数字化升级，需要以网络层的高可靠传输、海量终端并发接入及实时数据回传能力作为支撑，因此在网络部署过程中应实现对各项业务需求的弹性响应，保证现场设备、机器和系统之间通信连接的高效性、实时性和稳定性。因此，数字孪生体系内的通信基础设施部署应向着多设备兼容、多场景覆盖、多服务响应的方向发展，以保证物理网络的轻量化部署和智能化运维。

（1）基于行业现场网的组网技术

行业现场网旨在响应工业现场行业近端网、组网中碎片化的需求，打通异构设备之间存在的信息交互壁垒。通过提供具备自主协商能力的近端通信域，行业现场网让异构的现场设备之间、现场设备与外部设备之间以及设备与业务平台之间能够在统一标准框架下完成实时数据交换与协同控制，从而实现行业现场异构网络的弹性组网和多端交互。

行业现场网主要包括的关键技术，如表 1-2 所示。

表 1-2　基于行业现场网的关键技术

关键技术	具体功能
无源射频识别技术	该技术的应用能够完成大规模物资的自动化识别，实现高效的出入库管理
新型短距技术	能够为现场设备提供实时、稳定的通信链路
确定性传输技术	具备高精度、高可靠性的传输特点，能够为关键设备提供确定性传输保障
中低速技术	使物联网具备自我能耗调节能力，并支持温度、湿度等环境参数的采集
室内定位技术	能够有效支持 AGV（自动导向车）路径规划与人员安全预警

5G+ 行业现场以智能网关为核心枢纽，集成了现场网技术与 5G 技术，形成双向通信通道。其中，现场网技术负责底层设备之间的数据交互，为近场设备构建具有高稳定性、高精确性的传输网络；5G 网络则负责连接设备层与平台层，实现生产数据和控制指令的低时延传输。这种行业网与 5G 网协同的传输机制一方面能够为工业现场通信提供高带宽、高可靠性的局域传输环境；另一方面在 5G 网络提供的跨功能模块传输链路的支持下实现云端算力下沉，与边缘计算协同实现工业现场的智能化控制。

（2）基于 SLA（服务级别协议）服务的 QoS（服务质量）保障技术

基于 SLA 服务的 QoS 架构及能力分级管理方法本质上是一种服务增

强技术，其目的是将用户差异化需求在内的SLA请求转换为网络可识别的服务质量参数，并通过标准化接口实现网络功能模块的协同调度，以形成能够面向多种不同行业的服务质量增强能力。从技术实现路径上来看，该方案通过构建端到端质量参数模型与资源调度策略，具体包括端到端QoS映射规则、配置规则、监测及保障机制等实现精细化的网络服务，以满足基于传感设备的全时全域监测、实时信息采集与智能分析业务的多层级需求。

（3）基于多维度动态调度的资源编排技术

在数字孪生技术的应用场景中，以需求为驱动的资源分配算法发挥着关键作用，在构建智能管控机制、实现要素数据的跨模块关联、为各类需求提供智能化服务方面起到基础支撑作用。从技术实现路径上来看，基于感知数据采样周期、网络拓扑结构和多元化的数据，数据孪生网络的分层控制节点能够掌握整个系统内的需求分布信息，同时对虚拟化后的网络资源和计算资源进行优化配置，为各类业务需求匹配适宜的网络控制面和用户面资源（在这个过程中需要考虑业务的优先级、时序特征和区域分布），从而实现了系统内网络资源的精细化分配，提高了网络资源的利用率。

基于多维度动态调度的资源编排技术，在企业生产的提质增效与绿色转型中发挥着重要作用。通过智能业务判断与分级机制，系统能够确保将最大带宽、最低延迟的网络资源分配给价值最高的感知数据。同时，该技术通过对整体网络资源的优化配置，降低了传输能耗，打造了具备自我调节能力的节能网络架构。

1.1.4 数字孪生的建模技术

数字孪生建模具有显著的多学科知识融合特征，能够在物联网、传感技术的支撑下实现现实世界物理对象的数字化和模型化。这一过程整合了机械、热力学、电气等多维度数据，通过参数融合形成数字化模型，并在工业大数据和各类先验知识的支撑下提供相应的预测服务，实现物理实体的可视化管理。

数字化的本质就是在数据流的驱动下实现对物理对象的监控、管理与控制，这一过程离不开数字建模技术，该过程也是数字孪生系统构建的底层支撑。为保证数字模型与物理实体之间的实时映射，需要融合多种模型实现方法，主要可以归纳为建模语言和模型开发工具两大类。其中，建模语言包括完成设备数据语义标准化的AutomationML、实现多物理场耦合建模的Modelica和用于系统架构设计的SysML。部分模型可以通过用于几何建模的 CAD（计算机辅助设计）进行构建，但用于专用平台支持离散事件仿真的 FlexSim 和用于状态机模型开发的 Qfsm 工具应用更加广泛。

从技术实现路径上来看，物理对象的建模包括四个步骤，各步骤的具体介绍如图 1-1 所示。

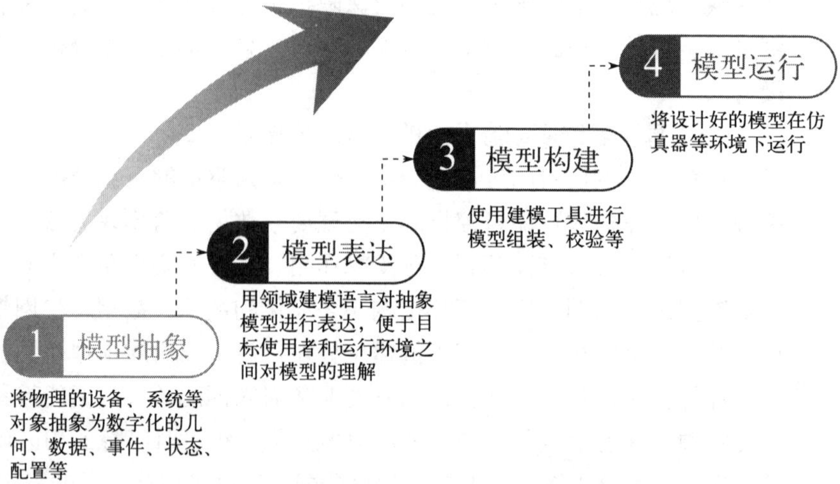

图 1-1　数字孪生模型构建流程

实现物理实体与数字模型之间的高保真动态映射是一个长期演变的过程，在此期间涉及多学科交叉和多技术集成，可以按照模型建模的使用场景将这些技术划分为信息（IT）、运营（OT）和通信（CT）三大技术族，以下是其特点介绍。

（1）IT 领域

信息技术领域（IT）内的建模实践主要包括物流终端建模和城市级数字孪生两大方向。其中物流终端的建模往往采用 Json、Xml 等结构化描述语言，以实现设备在云端或边缘计算平台上的可视化呈现与结构化存储，并应用 MQTT、CoAP 等轻量级物联网传输协议实现物理终端与虚拟模型的数据交互。该建模方案主要由大型的云服务提供商提供。

（2）OT 领域

在工业运营技术领域（OT），建模实践主要聚焦于复杂工业现场中多装备耦合和多场景模拟，在这个过程中涉及机械、电气、液压等多领域技术的交叉融合。该过程中应用的建模技术包括 Modelica、OPC UA 等。其中由瑞典非营利组织 Modelica 协会开发的 Modelica 作为多领域通用建模语言，具有良好的开放性，且以方程为驱动，能够兼容 Dymola、Wolfram System Modeler（WMS）和 SimulationX（SX）三大工业建模工具，并通过技术集成形成了涵盖动力系统、控制逻辑等领域业务逻辑的可复用模型库生态，在提高工业产线建模效率等方面具有良好表现。此外，OPC UA 框架在 OT 领域应用的过程中能够实现设备语义描述和数据接口的统一，在信息模型构建方面发挥着重要作用。

（3）CT 领域

在通信技术领域（CT），建模实践主要聚焦于网络基础设施部署以及网络运行管理能力模型的构建，模型类型以信息模型为主。以 SNMP/MIB 协议体系为主要技术支撑，以实现网络设备的状态监测与基于数据交互的参数调试。为了更好地适应 CT 领域数字孪生技术发展需要，telemetry 技术成为行业内新的研究方向，以通过 NetConf/YANG 实现模型对信息系统的实时精准映射。

从分层建模的角度来看，模型构建包括几何模型构建、信息模型构建和机理模型构建等维度。在完成单一维度模型构建后，可以在标准化接口协议转换和语义解析技术的支撑下打破异构模型之间的数据交互壁垒，从而实现模型融合，构建面向物理实体的全维度解析系统，其融合架构如图 1-2 所示。

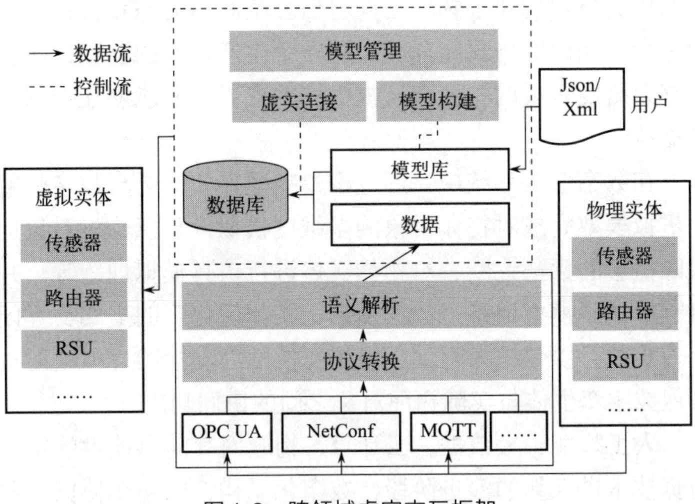

图 1-2　跨领域虚实交互框架

数字孪生模型库、建模工具共同构成了数字孪生技术的关键核心。从数字孪生模型的应用过程来看，业务场景落地是数字孪生体系架构的重要导向，基于此，作为实现业务功能的技术支撑，建模工具链和模型库决定着数字孪生模型的应用上限。以要素类型为划分依据，可以将模型库划分为提供人员、场地、设备、物料等实体要素的对象组件模型库，提供产品工艺知识、生产规则、产品信息等规则知识的规则模型库以及提供人机交互、业务可视化等服务的智能交互库。数字孪生模型库与建模工具的协同共生，能够不断推动数字孪生系统迭代发展，为不同行业应用场景提供平台化的模型服务支撑。

1.1.5 数字孪生的仿真技术

基于数字孪生的模拟仿真本质上是一种在线仿真技术，能够在模型准确、初始条件完备和环境参数准确的前提下构建物理实体的高保真数字映射，呈现出物理实体的运行特征，从而验证对真实物理世界的认知准确性。从技术实现层面解读，这种在线仿真模型机制通过将机理模型转化成软件的方式来模拟物理世界，通过构建与物理对象一比一映射的数字镜像，持续模拟实体在真实工作环境下的运行状态、响应方式与参数设置，形成闭环验证体系。

在应用层面，数字孪生框架下的仿真技术突破了传统仿真技术仅仅在降低测试成本方面应用的局限性，将仿真技术的应用扩散到产品的全价值链，甚至延续到产品的售后管理阶段。从技术演进角度来看，基于数字孪生的仿真技术构建了物理空间与信息空间的动态耦合体系，通过打造产品全生命周期内的仿真闭环，实现整个生产模型的自我优化、自我演进，既能够为研发阶段的验证测试提供技术支撑，又能够在控制运维阶段提供决策支持。

在数字孪生系统中，通过构建物理实体的全真数字映射，用户能够使用虚拟模型完成对物体对象的多维度模拟，包括分析对象运行状态、进行故障信息的预测诊断、对物体实体进行仿真模拟训练等，并通过动态反馈机制形成"模型训练—数据反馈—实体优化"的虚实交互闭环。这种以模型为载体、以数据为驱动、以仿真技术为支撑的虚拟映射机制，能够有效确保数字孪生体与实际物理对象之间的协同响应。

人工智能、大数据、云计算、物联网等前沿技术的发展和融合正推动仿真技术进入新的演进阶段，数字化重构、网络化协同、服务化响应、智能化升级成为其新的发展方向，整个技术体系正被重塑。随着建模对象的多元化、模型架构的复杂化和仿真粒度的精细化发展，数字孪生的仿真技术形成了多种细分技术路线。

（1）按被仿真的对象划分

① 工程系统仿真。建立实际工程的实时动态映射模型，通过调整虚拟模型参数完成不同类型的模拟验证测试，如进行基于仿真的制造方案虚拟

验证等，当前仿真技术在产品制造的全生命周期都已获得了应用。

② 自然系统仿真。通过数字化手段对复杂的自然系统建模，实现随机演化场景的建模，如气候变化仿真、地质灾害仿真等，在灾害预防与灾害应急处置方面发挥着重要作用。

③ 社会系统仿真。能够模拟复杂的社会系统，通过可视化手段呈现出各类事件的影响因子，支持人类社会、经济行为的仿真，在城市治理、公共管理决策方面发挥着重要的作用。

（2）按仿真粒度划分

① 单元级仿真。即微观层面面向单一模块或局部区域的仿真，包括流体仿真、机械结构仿真、电磁仿真、控制仿真等。

② 系统级仿真。即中观层面面向某一系统整体的仿真，包括汽车系统仿真、航空器系统仿真等。

③ 体系级仿真。即宏观层面面向多系统集成体系的仿真，关注体系中不同系统之间的耦合关系和体系的随机事件涌现，包括城市交通仿真、工业生产系统仿真等。

（3）按仿真系统架构划分

① 集中式仿真。以单一终端或平台为载体的仿真系统，主要特征是结构轻量化和控制简洁化，适用于中型以下规模的系统。

② 分布式仿真。即运行于多台计算机或多个平台上的仿真系统，常用于大规模体系级仿真。

1.2 数字孪生赋能产业数智化转型

1.2.1 数字孪生与智慧城市

随着信息技术不断发展，城市发展逐渐从“数字化”转向“智慧化”，未来将向着“新数字化”不断发展。数字城市将现实世界的很多工作迁移到互联网上，利用网络与计算机来完成工作。智慧城市是在数字城市与信息港的基础上发展起来的一个新概念，已经成为城市发展的一个新方向。

随着人工智能、物联网、大数据、云计算等新一代信息技术不断发展，将出现更多理念，这些理念应用于城市建设，将不断丰富数字城市的内涵，为城市监管、信息收集、数据统计分析与处理等提供强有力的支持。

（1）持续发展的数字城市

数字城市的概念可以从广义与狭义两个维度来理解。从广义上看，数字城市指的是城市的数字化，也就是利用数字化的方式对城市进行剖析、管理，推动城市实现良性运转。从狭义上看，数字城市指的是以互联网为渠道，利用计算机技术、数字媒体技术、规模性存储技术、遥感技术、卫星定位系统、地理信息系统、模拟仿真 - 虚拟等技术，从多个时空维度、多个尺度、参照多个分辨率标准对城市进行描述。简单来说就是利用信息技术将城市的过去、现在和未来通过互联网以数字化的形式呈现出来。

在数字城市发展初期，主要是利用信息技术对城市经济社会发展的各类信息进行全面融合，促使各类城市信息实现开放共享。从某种意义上说，数字城市为智慧城市的发展奠定了良好的基础，因为在数字城市发展的过程中，信息技术的优点得到了充分释放，推动实体城市完成了数字化改造与升级。

随着物联网、云计算、人工智能、移动通信等技术不断发展，城市信息感知、宽带泛在的互连及其智能化结合的运用逐渐形成了一定的标准，城市发展逐渐从“数字化”迈向“智慧化”。作为以信息港和数字城市为基础形成的城市发展的新方向，智慧城市在建设过程中要将重点放在智慧产业园区、智慧小区、智慧工地等项目上。

“智慧城市”是在“智慧地球”的基础上诞生的概念。智慧地球是将新一代互联网技术应用于制造行业，辅之以遍布全球各个角落的传感器，将电力、铁路、公路、桥梁等基础设施连接在一起，最终形成物联网。从本质上看，智慧城市就是智慧地球的缩小版，涵盖了智慧地球所包含的各类内容。智慧城市的“智慧”主要体现在利用互联网技术将城市中的各个传感器设备连接在一起，形成一个覆盖了某个区域的物联网，可以从各个维度对城市做出全方位认知。

随着新一代信息技术不断发展，未来，智慧城市在建设过程中将吸纳越来越多的行业理念，例如工业互联网的核心技术——数字孪生。随着数字孪生与智慧城市建设深度融合，数字城市将成为城市建设的新潮流。

（2）“孪生”变成数字城市的新核心

其实，数字孪生城市建设成为潮流并非偶然，而是受到了很多因素的影响，包括智慧城市建设涌现出很多问题、越来越多的互联网技术与核心理念应用于城市建设、新基建稳步推进等，这些都对数字孪生城市建设产生了积极的推动作用。

数字孪生的核心价值在于将在现实世界中需要耗费较高成本、无法完成的项目转移到虚拟世界，提高项目的可行性，降低项目成本，缩短项目完成时间。无论是产业生态圈规划，还是城市建设与管理，在智慧城市建设过程中，数字孪生都采用数字化虚拟映射的方式对整个城市进行仿真模拟，打通智慧产业群之间的各种数据信息，促使信息实现开放共享，最终为新基建浪潮下各行业的数字化转型与升级产生积极的推动作用。

新基建与传统基建的核心区别就是数字化，而智慧城市的核心问题也是数字化，由此可见，新基建与智慧城市建设有着天然的适配性。互联网、大数据、云计算、人工智能、物联网、5G、智能感知等技术在城市规划与建设领域的深入应用，将对全感知、全连接、虚拟交互的数字城市建设产生积极的推动作用。

此外，在数字孪生城市建设过程中，物联网也发挥着关键作用。从某种程度上看，物联网是数字孪生城市建设的基础。因为城市的数字化需要收集各种数据，先创建数字化的产业生态圈，然后将其映射到数字城市中，进而全自动地发现问题。无论新基建还是传统基建，物联网及智能化认知技术都是必备工具。在物联网环境中，传感器网络覆盖了城市各个角落，有助于实现城市构件的即时认知，创建独立连接网络后，自然地理信息系统将水、电、气、交通出行、自然环境等信息与特殊时空下的城市恶性事件相关联，对城市中的人与物连接、管理与回应需求进行全面考虑。

数字孪生技术利用物联网与智能感知设备收集信息，并对信息进行整合，构建产业生态圈，与可以实现资源共享的自然环境相结合，促使现实的物理世界与虚拟的数字世界连接互动，创建一个专门用于信息流通的渠道，既保证信息安全，又防止形成信息壁垒，同时建立数据开放共享标准与规范，形成数据开放共享新常态。

利用城市信息实体模型创建数字孪生城市，促进各类信息实现跨行业流通，形成一个安全、有序的生态环境，促使各类公共数据的价值得以充分释放，打造一个集灾情预警、突发事件应对、公共文化服务等功能于一体的智能城市管理服务方式，推动城市实现智能化、数字化转型，让城市中每一位居民享受到便捷、舒适的生活体验。

参照现实城市搭建虚拟城市，利用虚拟的数字化城市引导现实城市发展，全面提高城市规划建设水平，提高城市规划建设顶层设计的科学性，帮助领导者、评定者迅速掌握智慧化城市的使用技巧，辅助政府部门科学决策，防止出现重复建设以及低效能建设等情况，推动智慧城市基本建设实现协同创新。

数字孪生城市是数字城市的初始目标，智慧城市是数字城市发展到高级阶段的形态，也就是说，在智慧城市建设的过程中，数字孪生城市是一段新征程。基础设施建设为城市智慧化管理与决策奠定了良好的基础，将现实世界运行中存在的问题映射到数字世界，通过仿真模拟找到解决方案，在现实世界实施，通过不断更迭形成虚实结合的管理方法与经营模式，最终形成智能化治理能力与体系。

1.2.2 数字孪生与智慧交通

美国国家航空航天局（National Aeronautics and Space Administration，NASA）最先提出了数字孪生的概念，它讲述的是根据现实世界中实体产品的产生、发展和消亡的过程，在虚拟世界中创建一套相对应的生命流程。在早期工业领域中，数字孪生技术应用较为广泛，贯穿于产品构思、生产方案以及最终投入制造的整个进程。新时代技术发展迅速，数字化浪潮席卷全球，物联网、大数据和人工智能等新兴技术的应用也越来越广泛，地理信息和全球定位等技术也在日益成熟，数字孪生在全球数字化进程中的地位日趋上升，并且率先在城市的发展规划、交通安防等领域投入应用。

数字孪生在高新技术上占较大优势，在交通感知和预警、紧急救援以及新兴的智能驾驶等方面，可以利用数字标识、虚实映射、同步可视以及智能控制等先进技术提供新的方案，使交通领域的服务和管理更加安全，更加便捷高效。

（1）基于数字孪生的智能交通理念

简单来讲，基于数字孪生的智能交通理念指的是依据数字孪生技术，将现实的交通系统在数字空间中构建一个与其发展、运行模式一致的动态数字模型。对基于数字孪生的智能交通理念进一步阐释，其实就是利用智能的采集、传输和应用体系，将交通系统的要素、运行、管理和服务分别向数字化、可视化、智能化和个性化方向转变，通过模拟交通运行、数据建模分析以及模式升级优化等方法，推动交通管理和服务的智能化升级，实现交通运输系统的智能化高效运行。交通系统在未来的发展中，可以优先参照数字孪生理念，在交通规划、建设、运营、管理和服务等不同领域，开拓出新兴智能的发展路径。

从近几年的经济发展情况来看，数字经济正在渗透融合到各个行业中。数字孪生作为新兴技术与传统产业融合的手段，在诸多技术领域都有涉猎，例如AR/VR、人工智能、大数据分析、数据可视化、地理信息、三维建模等相关技术，企业都根据自身条件，合理运用数字孪生技术，在社会发展层面激活了数字孪生产业链条。系统集成商、硬件设备供应商、互联网先后与城市交通相融合，打造以数字孪生为基础的新型交通系统。资本市场对于数字孪生寄予厚望，对其发展前景也十分看好，因此涌现了一股数字孪生的投资热潮，诸多企业争相在相关领域投融资。

(2) 数字孪生在智能交通中的应用场景

在数字经济全球化发展的局势推动下，数字孪生的应用日益广泛，其感知系统灵敏且覆盖全面，资源数据系统准确且全网共享，交通大脑支撑平台先进且实时可用，城市操作系统及时且全程可控，这给城市道路预警、制定紧急救援线路以及优化信号联网提供了坚实的技术资源支撑，城市交通实现数据管控指日可待。具体来说，数字孪生在交通领域的应用场景主要体现在几个方面，如图 1-3 所示。

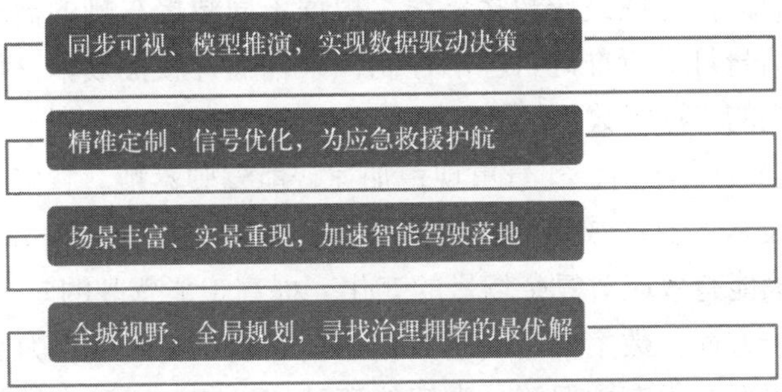

图 1-3 数字孪生在交通领域的应用场景

① 同步可视、模型推演，实现数据驱动决策。实时采集交通数据，同步观察交通运行，推演交通模型，都可以通过数字孪生技术来实现，并进一步通过数据分析制定方针。

a. 采集数据时，多种类型的感知终端相互传输信息，分别工作，采集不同方面的数据，整合分析。举例说明，其一，利用智能信息杆柱等集约式感知终端，采集视频监控和气象信息的相关数据；其二，借助镶嵌于道路桥梁等大型设施内部的传感器等嵌入式感知终端，采集道路通行、交通设施的相关数据；其三，通过道路监控、RFID 等独立式感知终端，采集个人、车辆的运行路线等相关数据。

b. 当呈现数据时，借助单体化建模、语义化技术建模以及三维建模，利用数据可视化、综合渲染等技术将数据呈现出来，根据现实世界的运行特点，在虚拟世界中创建交通模型，有效发挥交通数据在智能交通建设中的作用。

c. 在推演模型时，数字孪生技术拥有高精密度，在构建交通仿真模型以及出具交通政策方面可以提供坚实的技术支撑，在气象预测、抗洪防汛、交通运输等贴切生活的方面可以实现落地可行。比如，在道路建设前，数字孪生技术通过数据分析建模，能够对道路需求做出合理的预测。道路运行时，数字孪生技术通过对模型的推演，模拟交通运行状况，实时预警可能会出现的拥堵和紧急情况。数字孪生模型也可以结合道路设施、数据系统和用户，精准辅助交通管理者的工作，从而合理布局城市交通。

② 精准定制、信号优化，为应急救援护航。当前经济高速发展，私家车普及，城市道路网加速运行，交通拥堵现象屡见不鲜，为急救车辆开辟绿色通道显得格外重要，数字孪生可以为应急救援开创新途径。

利用大数据、人工智能等先进技术，结合道路特征、人流车流等信息，借助交通仿真技术，可以精确预测急救车辆在救援过程中经过各个路口的时间，选取最佳救援路线。根据不同救援车辆的需求，对所选路线的交通信号灯进行准确合理的控制，大幅提升救援效率，优化城市秩序，提升人们的幸福指数。

③ 场景丰富、实景重现，加速智能驾驶落地。智能驾驶作为一种新型驾驶技术，目前成熟性还有待提升，当务之急是提升车辆的自适应能力，使车辆能有效应对复杂场景的变化，提高智能驾驶的安全稳定性。

一方面，数字孪生利用数据的精确度和实时性，为高精度城市地图的实时更新提供有力保障，为智能驾驶技术奠定了坚实的数据基础。另一方面，数字孪生拥有成熟完整的仿真系统，可以综合天气、光线、地形、交通标志和交通流等信息，并结合行车的动力学和车辆的驾驶系统，模拟智能驾驶的全过程，同时，对智能驾驶过程中所有可能出现的场景进行预测和训练，保证智能驾驶的安全性和可执行性，从而安全有序地推进智能驾驶普及。

④ 全城视野、全局规划，寻找治理拥堵的最优解。全局考虑城市道路信息网，准确量化城市交通特征，一直是交通工作者追寻的终极目标。数字孪生可以很好地解决城市全域道路网结构复杂、交通信息瞬息万变带来的问题，提出行之有效的城市交通全局策略。

数字孪生采用全要素数据汇集的方式，全域采集城市数据，描绘建筑道路特征，生成城市画像，准确洞察交通动态。另外，利用城市海量的数据，进行交通仿真的模拟训练，可以提升交通决策的可行性和高效性。从道路供给侧，加大对道路供给的决策力度，致力于建设新时代高质量道路网，优化道路网络体系，提升出行方便度；从交通需求侧，通过实时数据和全域道路网络分析，及时掌握出行者的道路需求，合理配置交通资源，减少出行拥堵的概率和时长，提高出行效率。

1.2.3 数字孪生与智慧能源

在全球能源结构调整的过程中，构建智慧能源体系正逐步成为实现可持续发展的重要现实路径。该体系的核心在于通过物联网感知网络对能源供应、能源输配以及能源使用各个环节的数据进行采集和分析，达到对能源流动的全面感知与动态调控，实现现有能源系统运行的优化与升级，以取得良好的环境效益。数字孪生技术还能够为智慧能源系统的决策提供支撑，实现资源的灵活配置与调度，并提供可靠的能源需求预测服务，在未来全球能源的发展过程中将发挥重要作用。

（1）数字孪生智慧油气田

数字孪生技术正重塑油气田的运维管理模式。通过融合井场设备、地层环境等物理现场数据，系统能够构建井场运行的全息模型，从而形成涵盖井下工具状态监测、产量趋势预测与安全风险预警管理的智能分析体系。这能够提高能源企业对能源生产各环节的监控与洞察能力，帮助能源生产企业更好地降低开采风险、节省开采成本、提高开采效率。

① 油气田开采综合监测。系统通过融合地质构造、井筒管网与生产装备等多维度数据构建三维数字孪生模型，从而形成实时数据驱动下的可视化油田监控体系。因此，管理者可直观观测不同油气田的生产状态、地质构造信息以及设备运行情况，从而提高生产决策的科学性和可靠性。

② 智能开采与资源管理。依托地质力学建模与实时生产状态映射技术构建油田开采效率模型，通过深度学习算法解析采井组现场的历史压降等数据对实际开采作业的影响规律，以实现注水强度等作业参数的智能调整，实现油气资源开发效益与可持续性的协同提升。

（2）数字孪生智慧电厂

数字孪生智慧电厂利用数字孪生技术可以构建涵盖厂区环境、机组设备与工艺流程的多维度虚拟镜像，同时依托多物理场耦合建模技术实现生产过程中的数字化控制，深度集成实时感知、智能分析与自动控制技术，实现设备的运行状态监控、劣化趋势预测与远程运维管理。

① 设备运维监测。数字孪生智慧电厂构建起覆盖全厂设备的实时感知网络，通过多维度特征提取技术监控发电机组、变配电设备等关键要素的运行状态，提取其重要运行参数进行深度分析，从而预测设备的劣化曲线，提前发现运行异常并发出预警，帮助运维人员把握关键运维窗口，并同步生成最优运维方案，降低电厂运行成本和故障损失。

② 发电调度优化。依托实时负荷数据和电力需求模型，对发电机组进

行智能调度，提高能源供给的精细化程度，实现发电过程的提质增效。

③ 能耗分析与优化。通过分析多元能量流数据，构建起涵盖锅炉燃烧效率、设备功耗等关键能耗参数的智能能效评估模型，同时进行排放数据与环境指标的动态监测，通过自适应优化算法挖掘不同运行场景下的节能空间，生成能效优化方案，辅助厂区实现清洁生产。

（3）数字孪生智慧风电

数字孪生智慧风电通过构建风电场的虚拟模型，实现对物理设备的全息化数字映射。该系统整合风机运行参数、气象预测数据等关键信息进行建模，实现对设备运行状态与发电效能的智能分析，并结合历史数据预测潜在的故障风险，以此为依据优化维护计划，显著提高风电场的运营管理效能。

① 风力发电运行监测和优化。依托数据分析技术，实现对风电场实时、历史运行数据的分析与挖掘，并融合电网需求信息、风力资源预测信息等多种指标自动生成最优设备运行策略，在保证设备安全的前提下提高风能捕获效率和电能转化效率，同时动态优化供电方案，实现风电站发电过程中的提质增效。

② 设备运行监测与维护。通过数据流融合分析技术，构建起涵盖风机、输变电设备等对象的全要素感知网络，重点分析设备运行状态、温度、风向、风速等关键运行参数，智能识别可能造成设备故障的因素并进行参数的自适应调试，同时预测设备的运维窗口，提前做好设备维护部署，实现设备可靠性与发电效益的协同优化。

③ 风资源评估与预测。融合气象数据、实时或历史风速信息等数据，通过流体力学仿真计算模型推演不同地形下风能资源的捕获效率，为风电场的前期选址、设备部署等决策提供科学支撑，以实现风电场效益的最大化。

（4）数字孪生智慧煤矿

作为智慧煤矿建设的重要技术支撑，数字孪生技术能够实现物理矿井与数字空间的实时交互，一方面通过虚拟数字模型验证不同的采掘方案，推演不同地质情况下的采掘效能；另一方面通过三维可视化平台实时呈现瓦斯涌出趋势、液压支架群工作状态，以降低安全风险。该技术的应用正推动煤矿生产向安全高效、绿色集约的智能化模式演进。

① 智能开采与生产调度优化。智慧开采生产与调度系统能够基于地质构造、设备集群与能源流动态等关键生产参数构建全息数字映射模型，整合工作面推进度、设备健康状态与电网负荷需求等多源数据流，同时借助

强化学习算法实现多流程协同，自动执行生产资源配置、跨流程业务对接等任务，形成从开采规划到能源输配的全链条优化闭环。

② 煤矿资源管理与规划。依托三维地质建模与多源数据融合分析技术，智慧资源管理与规划系统构建具有开采决策支持与开采过程优化功能的动态模型，精准推测开采区域剩余资源量的分布信息，并结合能源需求动态优化开采方案，采用错峰运行的策略降低整体开采能耗，从而推动资源开发转向绿色集约模式。

1.2.4 数字孪生与智慧医院

在各类前沿数字化技术的支撑下，构建贯穿各诊疗环节的数字孪生医疗管控系统成为可能。在该系统的运行过程中，数据作为关键医疗要素的价值将被进一步释放，同时，医疗机构、医务人员、医疗设备彼此之间将实现高效互动。

（1）建立数字孪生医院，助力医院管理智能化

① 实现医疗机构全生命周期的数字化管理。智慧医院三维可视化平台以人工智能、数字孪生、三维可视化建模等技术为支撑，能够形成覆盖医院空间布局、诊疗设备集群和后勤保障设施的全要素数字映射体系。通过对门诊大厅、病房、手术室、康复室等多种医疗场景的虚拟仿真，实现对各类医疗资源的线上监管，并在多源异构数据融合分析的基础上实现医疗数据的灵活融通，消除传统跨场景、跨系统医疗业务中存在的信息壁垒，通过数字化闭环管理提升整个医院的管理效能。

② 实现医疗信息和资源共享。智慧医院数字化管理平台，实现了对医疗资源的精准调控。在科室运营方面，通过智能分析门诊流量、人员管理、住院病种等运营数据，能够实现医务人员的智能排班、医疗设备状态的实时同步。在医疗资源调度方面，能够打通不同部门之间的数据交互通道，促进各要素在不同部门之间的高效流转。

③ 助力突发公共卫生事件智能化防控。在应对突发公共卫生事件时，数字孪生技术通过融合虚拟现实技术（VR）与增强现实技术（AR）以及高精度传感网络，能够构建虚实联动的智慧医疗应急体系。该体系以输液监护器、患者交互器、生命体征监测仪器等智能终端为核心节点，实时采集生命体征数据并同步至三维诊疗系统。医护人员可以通过数字全息影像实现无接触查房与线上诊疗，降低传染性疾病诊治过程中的病毒扩散风险，同时实现医疗物资的最优配置。同时，医疗系统内的数据能够同步至疫苗研发系统，为相关药物方案的研发提供一手临床数据支撑，并推动上

下产业链条的协同。

(2)增强临床诊疗水平，促进个性化健康服务

① 实现诊疗全流程可视化。医疗智能决策体系能够基于多模态数据融合技术，构建覆盖疾病检出、临床干预到康复管理的全周期诊疗路径，并通过可视化显示设备同步呈现医疗资源符合情况与诊疗效果评估结果。

智能手术辅助系统能够构建人体器官的高精度数字镜像，如数字孪生肝脏模型。同时，在数字空间进行手术仿真时，该系统能够获取手术过程中处于视觉盲区的部位信息，提高医生对病症的认知深度。另外，系统还能够用于手术方案验证，提前预测术中可能出现的风险并给出相应的处理方案，提高医生对各类状况的应变能力。

② 实现远程诊疗。智慧医疗系统打破了时空约束对治病就医的限制，通过融合医疗影像数据、患者电子病历、智能穿戴设备传感数据，可以实现远程疾病诊治，有利于推动医疗资源的优化配置。此外，在疫情期间，远程诊疗能够在保证诊疗效果的同时降低医护人员的感染风险，对提升公共卫生事件处理能力意义重大。

(3)提升患者就医体验

智慧医院建设的首要阶段主要聚焦于患者的就医体验，旨在实现全方位的服务升级。

① 通过人工智能、互联网等数字化技术进行患者病史检索、病情识别，从而实现智能分诊导诊，提高医疗服务的精细化程度。

② 通过部署多模态传感网络，实现整个医疗区域内的智能监控，并节省患者就医时间。

③ 设立智慧药房模块，医生开具处方后药房即开始同步配药，提高患者的取药效率。

④ 实施医疗收费票据数字化，并关联医保账户报销信息，以备日后追溯。

⑤ 通过人工智能、5G 等技术，构建急救绿色通道，快速响应患者呼救，提高急救的智能化程度。

通过融合创新各类数字化技术，智慧医院能够以智能化、高效化、舒适化为原则重构医疗健康服务体系，提升患者的就医体验。

1.2.5 数字孪生与智能制造

2013 年，德国在汉诺威工业博览会上正式提出“工业 4.0”，大力推动制造业向智能化发展，全球各国陆续制定相关规划，将信息技术融入制

造业领域，进一步提高智能制造水平。2014 年 12 月，我国首次提出“中国制造 2025”的概念，2015 年 5 月，我国国务院正式印发《中国制造 2025》，全面推进实施制造强国战略，并将数字孪生技术引入制造领域。

在数字孪生技术的作用下，制造业企业可以利用物理、数学、计算机等数字化手段构建虚拟模型，借助数据实现对物理实体和真实行为的模拟，利用数据融合分析方法和迭代决策优化策略增强或丰富物理实体的能力，通过虚实交互的方式提高生产效率。由此可见，数字孪生技术在智能制造领域发挥着重要作用，是制造产业改革的高地，对刀具加工行业来说，数字孪生技术的应用也有助于其实现升级发展。

在发展初期，数字孪生相当于对物理世界的各项元素进行数字化，其信息结构从微观原子级到宏观几何级均呈现出虚拟化的特点，可以连通物理空间和虚拟空间，具备信息交互与协作、信息物理融合和数字模型表达等功能，能够实现对生产制造的全方位描述。

以数字孪生技术构建的孪生体处于数字空间当中，物理实体则处于物理空间当中，两个空间并行共存，且孪生体可以与物理实体相互映射，在特征、行为、性能等方面均保持一致。具体来说，数字孪生的映射关系如图 1-4 所示。

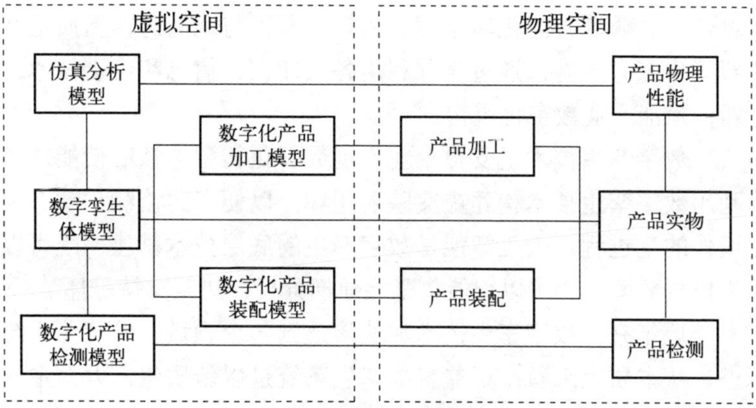

图 1-4　数字孪生的映射关系

数字孪生技术可以利用物理实体的各项数据信息，并以参数的形式反馈到虚拟空间当中，在虚拟空间中展示物理空间中的人、事、物、地，通过虚拟现实的方式实现仿真验证和动态调整等功能。数字孪生体虚拟模型包含几何、物理、行为和规则四项内容，可看作数字化的物理实体。具体来说，数字孪生体虚拟模型如图 1-5 所示。

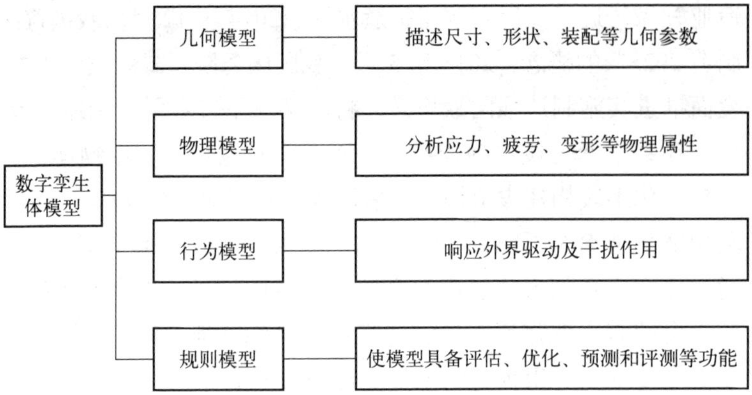

图 1-5　数字孪生体虚拟模型

1.3 AI 赋能精益数字孪生仿真体系

1.3.1　精益数字孪生仿真系统基本特征

随着物联网、云计算、人工智能等新一代信息技术与传统产业深度融合，产业的智能化转型速度大幅提升。与此同时，新质生产力的出现革新了生产力形态，通过充分利用各项知识、信息和尖端技术，推动产业创新，赋能产业数字化重构。

数字孪生技术是支撑企业实现数智化转型的核心使能技术，企业可以利用数字孪生技术构建虚实映射闭环，以便实时监测和动态优化物理系统运作的全过程。人工智能是数字孪生的底层技术基座，既可以用于优化孪生仿真环境，也可以智能化赋能建模分析、决策支持等环节。

近年来，数字孪生技术加速渗透到各个领域，跨行业系统建设持续推进。从本质上来看，精益智能孪生系统是以新质生产力为主要驱动力且具备精益管控、AI 赋能和模型迭代功能的系统。新质生产力可促进 AI 与孪生技术深度融合，为企业制定覆盖全价值链的智能解决方案，助力企业进一步提高生产效率，优化运营成本，升级客户服务。

数字孪生可以构建非线性物理世界的高精度映射，推动新质生产力实现在仿真预测、流程优化等方面的优化升级，同时充分发挥精益管理的作用，进一步提高价值流动效率。人工智能可充分发挥自身在算力方面的优势，为新质生产力提供智能决策支持，同时也可以在技术层面为建设数字孪生体系提供支持，通过海量数据训练提取系统的特征和规律，并在此基础上构建高精度仿真模型。

除此之外，人工智能还可以驱动孪生模型动态迭代优化，充分保证物理系统虚实闭环的同步性。不仅如此，数字孪生技术的应用也可以构建多场景数字孪生模型，并利用实时数据驱动的大模型训练机制，精准识别系统瓶颈和潜在风险，从而为联合验证新质生产力与 AI 大模型提供支持，打造物理世界智能运维与自主决策闭环。具体来说，精益智能数字孪生仿真系统的基本特征如图 1-6 所示。

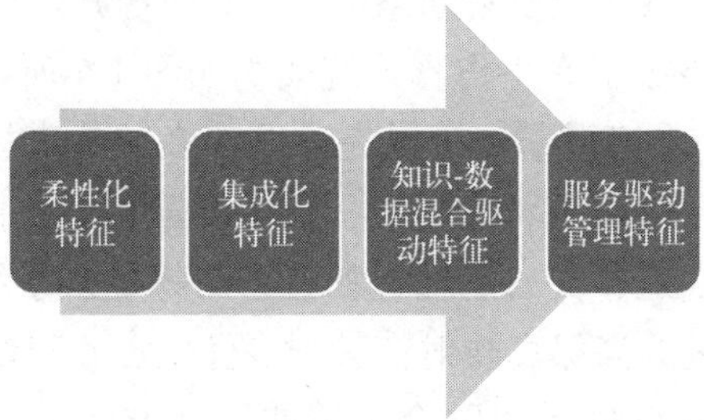

图 1-6　精益智能数字孪生仿真系统的基本特征

（1）柔性化特征

数字孪生系统运行于动态生产环境当中，需要借助闭环反馈机制实现多源要素的实时容错重构，综合分析多模态数据，并根据数据分析结果生成相应的自适应决策方案，驱动任务目标与资源配置的动态校准匹配，确保自身可及时有效地应对需求变化、设备故障等动态扰动。

（2）集成化特征

精益智能数字孪生体系采用多域协同架构，集成设备、产品、供应链等核心孪生模块，且各个模块不仅具备自主交互特性，还可以充分发挥时空双重维度的动态演化机制的作用，实现系统级协同进化。

（3）知识 – 数据混合驱动特征

知识图谱可以与实时数据流互相融合，对来源于数字孪生仿真系统的实时数据展开多模态数据清洗、特征提取等预处理操作，为生成智能决策提供支持。同时，结合 AI 算法驱动的动态排程策略，依托精益价值流分析实现决策闭环迭代优化，可以全方位提升系统运行的效能和质量。

（4）服务驱动管理特征

精益智能孪生系统应具备抗扰动服务架构，通过多源服务融合实现智能化的服务决策、动态适配、效能评估等功能，以便灵活处理系统运行过程中出现的各类突发情况，充分满足智能运作、精准管控等方面的实际需求，确保系统执行的精准性和系统运行的稳定性。

1.3.2 精益数字孪生仿真系统架构设计

传统数字孪生受限于静态架构与单点优化，智能化水平不够理想。AI 增强型孪生技术能够突破复杂系统响应瓶颈，借助数据智能处理引擎进行多维数据分析，并借此进一步提高流程的响应速度、运作效率和稳健性，同时也可以综合运用精益管理方法，精准定位流程瓶颈与资源损耗，不断优化运作过程中的各个环节，促进数字孪生、AI 算法与精益工具协同作用，驱动制造系统全要素动态优化，有效提升运作流程执行的高效性。

精益智能数字孪生仿真系统架构如图 1-7 所示。该架构集成了动态交互机制与 AI 决策引擎，可以充分发挥多域仿真模型的作用，利用各项实时数据支撑系统实现状态感知、智能决策和服务执行等功能，高效感知供应链、生产制造、交通运输、物流仓储等复杂系统的各项相关要素，并实现对这些要素的高保真映射，进一步优化资源配置和服务动态。

精益智能孪生系统融合了精益管理方法论，可构建复杂工程系统模型，实现对生产制造全流程的仿真优化和智能决策。系统具备数据采集和处理功能，可实时采集和处理多源数据，在数据层面为 AI 算法驱动的价值流优化提供强有力的支持；也融合了基于价值流图谱的瓶颈定位技术，可精准识别非增值环节并生成改进策略；还集成了动态反馈机制，可以实时分析各项运行数据，根据数据分析结果评估流程的稳定性，进一步实现各项相关参数校准，实现有效的流程优化、效能监测和策略迭代。

复杂系统建模采用全生命周期建模体系，通过“建模 - 仿真 - 优化”闭环框架实现非线性物理世界的高保真映射。该模型应具备时空耦合的动态演化特性，可通过自主演化提高运行精度、系统鲁棒性和环境自适应

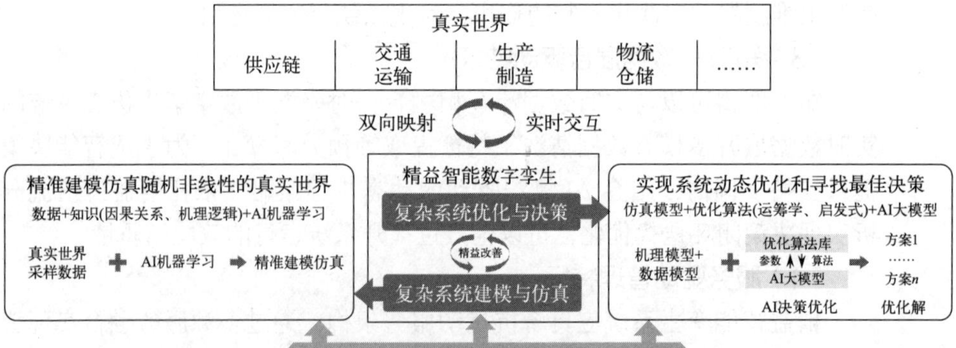

图 1-7 精益智能数字孪生仿真系统架构

性，灵活应对时间和空间维度的各项变化。

基于多源物联感知网络，能够构建物理系统全域监测体系，借助摄像头、传感器、RFID 等物联网设备持续感知目标状态，利用机器视觉技术对原始图像进行预处理，同时构建多智能体交互规则库，实现孪生模型与物理实体的逻辑自洽性验证，确保虚实空间行为映射的同步性，以及数字孪生仿真模型运作逻辑的准确性。

在模型校准阶段，强化学习算法可实现对孪生参数的虚实一致性映射，构建虚实映射精度优化目标函数，在最大限度上缩小物理实体与孪生模型之间的差距，并打造动态不确定性训练环境，基于奖励机制持续优化状态与行为之间的对应关系，实现物理系统高保真度建模与行为模式精确复现。

基于实时数据、历史数据等多模态数据融合，能够构建时空特征驱动的神经网络预测模型，可利用近期的各项历史数据对预测模型展开训练，并广泛采集各项新产生的数据，构建测试数据集。同时，采用增量式模型验证策略，提前推演可能会出现的动态扰动事件，有针对性地生成相应的应对策略，提升模型泛化能力，打造集预测、评估、响应于一体的闭环优化体系。

复杂系统协同优化是基于孪生驱动的协同优化框架，通过融合机理约束与数据特征，利用动态寻优算法生成最佳运作策略和精益智能决策，它能动态优化物理系统和孪生模型，并实时感知物理系统状态，明确调度目标；通过智能决策获取最优控制参数，它能打造包含状态感知、策略生成和执行反馈的控制链路，实现对运作过程的有效控制。

AI 大模型依托高维参数空间与海量数据预训练，能够实现多任务迁移，同时进一步增强跨场景泛化性，从而满足不同应用场景和任务需求。但在实际训练过程中，可能会出现梯度消失、过拟合风险等收敛性难题，导致模型鲁棒性与实际场景应用效能衰减，不利于规模化部署。

通过优化器架构创新和异构计算，能够加速优化模型参数，提高 AI 大模型的训练收敛速率和推理效能，有效抑制过拟合风险，增强跨场景泛化性。此外，还需协同优化模型的多模态任务适应性与部署灵活性，使其可灵活应对各种场景和任务。

1.3.3 精益数字孪生仿真系统的实现路径

（1）基于 AnyLogic 的精益智能数字孪生仿真模型设计

精益智能数字孪生仿真模型融合了多种数智技术，可构建自优化决策架构，打造物理系统全要素感知与智能决策闭环。AnyLogic 是一款多方法建模仿真软件，可以充分发挥跨语言算法的集成能力，开发智能化、精益化的高适配性数字孪生仿真模型。就目前来看，基于 AnyLogic 的精益智能数字孪生仿真模型设计已经成为智能制造、智慧物流、城市交通等领域的典型应用范式。

精益智能数字孪生仿真系统大多采用多源实体拓扑结构，可以利用 AI 技术深入分析物理实体特征，掌握物理实体的行为模式，并在此基础上建立多智能体协同机制，明确各个智能体之间的运作逻辑关系。在构建模型的过程中，可充分发挥 AnyLogic 智能体建模框架的作用，借助参数化组件定义实体属性与环境耦合关系，构建环境扰动下的动态交互网络，实现物理系统行为逻辑的高保真映射与动态演化推演。

在仿真建模过程中，系统可面向对象构建包含结构、行为、逻辑等多维度特征的高保真数字孪生仿真模型。针对异构实体特征，提取物理实体的共性属性和行为，并据此构建永久 / 临时实体仿真模型和关联关系拓扑模型，结合 AnyLogic 多领域组件库进行仿真建模，精准表征复杂系统动态行为逻辑。

与此同时，基于 Pypeline 架构打造多源异构数据集成环境，融合多模态数据，深入分析运作逻辑规则，开发智能算法库，利用实时数据优化运作过程，为算法创建、调参、调试等提供支持，进而实现对精益数字孪生仿真的全生命周期管理。在仿真运行过程中，充分发挥仿真引擎的作用，抽象实体行为，并通过进程交互式调度和时钟驱动机制更新系统状态，以三维可视化的方式实现虚实空间同步映射，动态验证各项决策，提高数字孪生仿真系统运行的透明化程度。

（2）精益智能实时优化决策

人工智能通过模拟人类认知机制，使机器具备自主决策与复杂问题求解能力。具体来说，精益智能实时优化决策流程如图 1-8 所示，主要涉及精益智能决策系统、物理系统和孪生仿真模型三部分。

- 精益智能决策系统集成了 AI 大模型、优化算法、人工智能、专家系统和自增长知识库，可构建包含智能化的感知、分析和控制功能的闭环优化链路。
- 物理系统在执行高精度任务时，可通过多源传感网络实时采集全域运行数据，并同步上传到智能决策系统和孪生模型数据中枢，实现物理感知与虚拟验证协同优化。
- 在虚实空间状态一致性验证框架下，孪生仿真模型可以仿真验证精

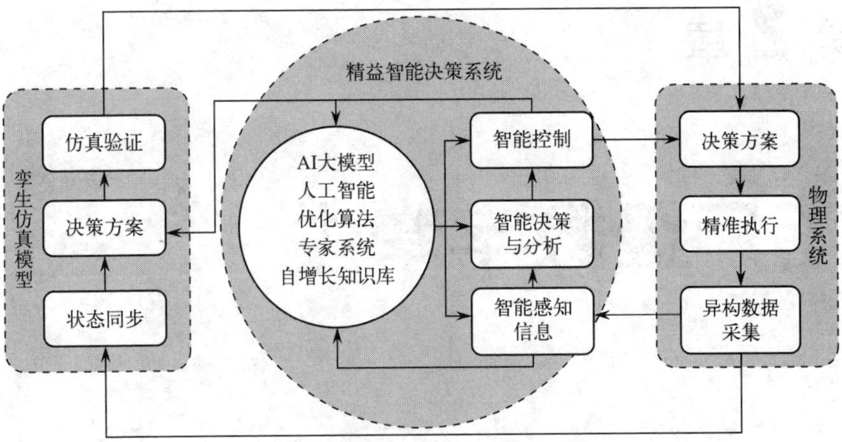

图 1-8　精益智能实时优化决策流程

益智能决策系统的决策方案，并将优化指令下放至物理系统执行单元。

传统决策模式存在试错成本高、优化效能衰减等问题，而精益智能决策系统可融合多模态数据，集成人工智能、专家系统等多种先进技术，生成科学、合理、有效的决策方案，实现复杂问题的精准求解与流程精益管控。

精益智能数字孪生仿真模型融合了数字孪生技术，可实时映射物理系统的状态和行为，也可以采集和分析各项真实可靠的数据，为构建敏感特征与目标参数的关联模型提供支持，同时实现对目标参数精准预测，还可以综合运用各种智能优化算法，构建包含决策、验证和迭代的闭环优化链路，进而有效提高生产效率和服务水平，减少成本支出。

第 2 章

工厂级数字孪生

2.1
基于数字孪生的智能工厂建设

2.1.1 数字孪生工厂的总体运行体系

智能工厂运行体系由以下几部分组成。

① 技术创新体系：主要包含用于产品设计和智能工厂设计的系统，前者如电子设计自动化（electronic design automation，EDA）、计算机辅助工艺规划（computer aided process planning，CAPP）等，后者如工厂信息模型（plant information model，PIM）、工厂运行仿真系统等。

② 经营管理体系：主要包含与管理相关的各类系统，如用于业务管理的企业资源计划（enterprise resource planning，ERP）系统、供应链管理（supply chain management，SCM）系统，以及用于提供售后服务的智能服务中心（intelligent support center，ISC）等。

③ 制造运行体系——信息物理生产系统（cyber-physical production systems，CPPS）：包含各类智能化设备和设施，用于执行各个环节的操作，如用于生产制造的生产设备、用于物流运送的物流设备、用于信息采集的传感设备、用于实现传输通信的网络设施等；此外，还包括制造运营管理系统（intelligent manufacturing execution system，IMES），负责生产制造过程的管理调度。

智能工厂运行体系包含物理空间和虚拟空间两大部分，生产设备、物流设备、产品是物理空间的组成部分，产品模型、工厂信息模型、制造运营管理系统则属于数字化的虚拟空间。在制造运行体系的作用下，两个空间实现融合，构成完整的智能生产系统。

企业根据客户需求，利用 ERP 系统生成订单。通常情况下，订单分为两种类型，如表 2-1 所示。

表 2-1　ERP 订单的两种类型

订单类型	具体内容
新产品订单	客户根据自身需求向企业定制新的产品。针对此类订单，企业可利用产品模型和工艺模型迅速完成产品设计，在约定时间内完成产品的生产和交付
成型产品的配置订单	客户在现有产品序列的基础上进行功能选配，选配的参考清单由企业提供。针对此类订单，企业可利用产品数据管理（product data management，PDM）系统获取产品配置功能，并借助物料清单（bill of material，BOM）系统为客户提供符合其需求的产品配置

技术创新体系确立产品模型后，由 ERP 系统发布产品生产指令。IMES 接收到生产指令和 PDM 系统提供的产品配置模型后，经由接口将作业指令发送至生产设备，同时提供生产制造所需的各项信息和工具，包括工艺参数、控制程序等。生产作业开始后，IMES 负责监控生产制造过程，并分别将制造过程进展状态和产品制造档案反馈至 ERP 系统和 PDM 系统。

工厂的制造运行模型根据 IMES 提供的制造过程状态数据开展仿真分析，识别运行过程中的潜在问题。IMES 设有排产模块，负责制造过程的管理调节，以提升生产效率，保障产品质量。此外，IMES 还可追踪在制品信息，实现精准的产品质量追溯，为产品生命周期管理（product lifecycle management，PLM）系统的产品远程维护功能提供技术支持。

工厂信息模型（PIM）设计同样是技术创新体系的一项重要内容。过去，此类模型只应用于工厂建设阶段，作为工厂设计的一项优化工具。而随着市场需求呈现出个性化、定制化的趋势，产品的迭代速度大大加快。这要求工厂在建成使用后继续对设计做出优化，以提升柔性制造能力，快速响应市场环境变化，通过自我调整胜任新产品的生产制造任务，进而提高企业的市场竞争力。

不过，工厂的设计调整是一项比较复杂的工作，考虑到调整的成本以及不确定性，比较好的方案是采用仿真技术、建立工厂设计模型。扩展的工厂信息模型（extensible plant information model，XPIM）能够以三维形式真实地呈现工厂的全貌，包括工厂整体布局、各单元要素的运行状态等，为工厂设计调整提供重要参考。

XPIM 由仿真模型和实体模型两部分组成，仿真模型的仿真对象有工艺、性能、建造等。

在智能工厂的建设中，已经有很多国家采用了基于模型的数字化制造（model based manufacturing，MBM）技术以及虚拟技术，针对设计环节和生产制造环节分别构建产品样机模型和工程模型，应用领域包括汽车设计制造等。

不过，模型和实际的工厂应用场景之间可能存在信息鸿沟，从而影响模型的可用性，这是基于模型的智能工厂建设的主要问题所在。而数字孪生技术的特点在于虚实映射，数字孪生模型与物理实体之间可进行动态交互，通过实时采集物理实体信息实现模型的同步更新，以保持模型的准确性和适用性。

2.1.2 基于数字孪生的智能工厂架构

ISA-95是关于企业系统与控制系统集成的国际标准，由仪表、系统和自动化协会（ISA）于1995年通过。按照该标准，制造运作管理活动的管理对象包括生产制造、库存、维护、产品质量等，功能则包括设备级、区域级、车间级、工厂级、企业级五个层级。

工厂信息化层次模型如图2-1所示。

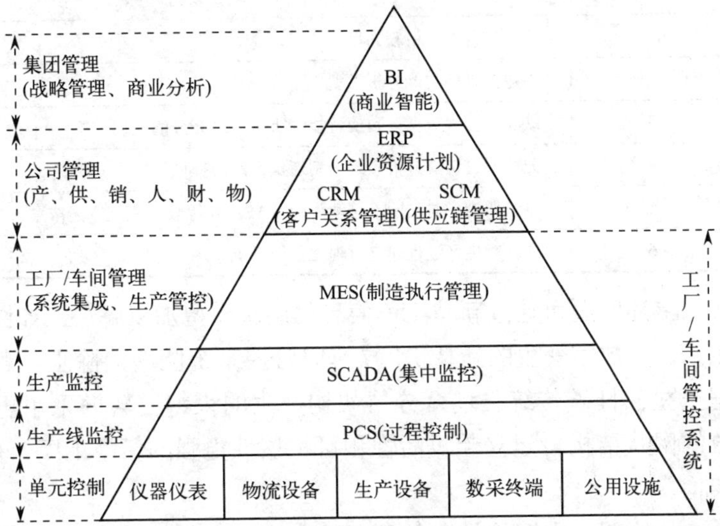

(a) 传统工厂信息化层次模型

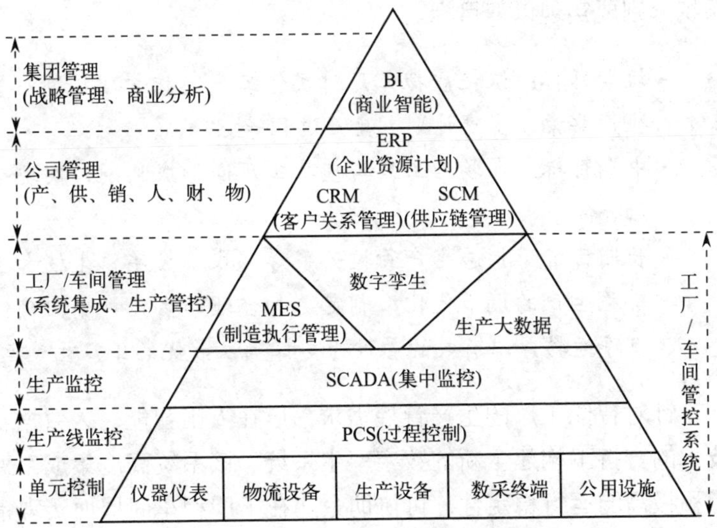

(b) 新型工厂信息化层次模型

图2-1 工厂信息化层次模型

传统工厂 / 车间管控系统的管理集中于工厂 / 车间管理、生产监控、生产线监控和单元控制各层级，而人仍然是生产过程管理、设备管理、数据分析等环节的主要决策者。相比之下，智能工厂旨在减少生产决策中人员的参与，推动生产作业沿着柔性化、自动化的方向发展，提高生产效率。

具体而言，传统工厂 / 车间管控系统的问题如表 2-2 所示。

表 2-2　传统工厂 / 车间管控系统的问题

序号	主要问题
1	信息化开发平台较为单一
2	未建立现场智能分析模型
3	缺少工业大数据，致使智能分析未得到充分的支持
4	无法通过仿真分析系统为制造执行系统提供支持
5	系统架构相对封闭，移动终端、AR/VR 等设备和技术无法融入
6	未针对生产过程建立可视化监控系统

上述问题可通过新型工厂信息化层次模型加以解决，如图 2-1（b）所示。基于数字孪生的新型工厂 / 车间管控系统能够消除工厂各系统间的数据壁垒，打破传统强耦合分层架构产生的束缚，转为采用更加灵活和开放的网状结构，建立起灵活性和可扩展性更强的新型工厂 / 车间管控系统架构。

从短期、中期和长期层面来看，基于数字孪生的新型工厂 / 车间管控系统分别要实现以下目标。

- 短期目标：依托虚拟工厂对实体工厂实施管理控制，管理对象包括生产要素、生产计划、生产过程等。
- 中期目标：在物理工厂与虚拟工厂间形成映射，实现全方位的虚实融合。
- 长期目标：打造生产管控云平台，基于数字孪生技术下的虚实映射实施生产的调节优化，制定更加合理的生产计划，确保生产的高效有序运转，以有效的管控为支撑确立最优的工厂生产运营模式。

针对智能工厂的生产管控需求，应在人工智能、大数据、AR、VR 等技术的支持下构建全新的数字孪生系统。该系统高度集成，拥有完备的功能和极高的运行稳定性，可协助企业在工厂和车间层面实现精准高效的生产管控，为企业智能制造水平的提升提供重要支撑。

基于数字孪生的智能工厂系统的主要功能如表 2-3 所示。

表 2-3　数字孪生智能工厂的主要功能

主要功能	具体内容
虚拟模型构建	将物理工厂模型转换为虚拟工厂的信息模型，并构建物理工厂的虚拟镜像，确保镜像拥有较高的逼真度和较强的实时性
流程模拟仿真	在数字孪生技术的驱动下进行仿真计算，模拟智能工厂运行的全流程，包括生产规划、生产制造、订单交付各个环节
优化方案设计	通过仿真结果分析制定优化方案，据此开展物理工厂的建设和运营工作
虚拟模型修正	从物理工厂采集设备状态、生产进展状况等实时数据，据此校准虚拟工厂模型，保持虚实同步映射

基于数字孪生构建三维 IMES，全方位可视化呈现生产过程，以实施更加有效的生产管控，达到提升生产效率、保障产品质量的目的。

在技术应用方面，IMES 有以下创新点。

① 生产信息的可视化呈现。依托三维虚拟工厂模型，借助统计图表等形式真实直观地呈现生产过程的各项信息，包括生产计划执行情况、设备状态、产品质量、能耗等。

② 生产异常状况的处置。利用 IMES 从设备监测系统处采集数据，及时识别生产过程中的异常状况，如设备故障、质量缺陷等。而后基于仿真分析实施生产优化，解决生产过程中存在的问题，确保生产任务高质量如期完成。

③ 生产系统数据全生命周期贯通。生产系统全生命周期包括的环节有开发、投入使用、运行维护、退役，从以上各环节入手构建生产系统，并实现数据的全流程贯通。在全流程数字孪生数据的驱动下，虚拟工厂和物理工厂得以保持同步。

2.1.3　基于数字孪生的虚实系统集成

在智能工厂中，数字孪生系统居于中枢地位，可凭借高度的智能化完成自学习和自适应。在数字孪生的支持下，工厂的虚拟部分和实体部分将实现集成，这种集成具体体现在以下两个方面。

① 物理工厂的信息高度集成。智能工厂需整合信息技术和运营技术，实现物理工厂内部生产、物料等各项信息的融合交互，以获取有效数据，为实时决策提供参考。同时，数字孪生系统还可借助模型和算法构建数据集，并完成数据的分类。在数据获取方式上，数字孪生系统通过安装于智能工厂各处的传感器采集各项系统和生产要素的数据，以保持数据的实时性。

② 物理工厂与虚拟工厂的集成。数字孪生系统可在虚拟工厂中模拟物理工厂的生产制造过程，并做出生产决策。生产过程中，数字孪生将决策分析结果转化为当前条件下的最优指令，IMES 接到指令后，与控制系统相配合对现场生产活动实施管理调度，同时从过程控制系统（process control system，PCS）处获取实时数据。而后，数字孪生系统将物理工厂的现场数据传至虚拟工厂，以实施模型的校准操作，由此实现物理工厂与虚拟工厂的交互集成，完成工厂的闭环管理。

（1）信息集成的框架

依托数字孪生技术，信息集成框架实现实体工厂与虚拟工厂的数据交互，以消除两者间的壁垒。基于数字孪生的工厂 / 车间信息集成框架如图 2-2 所示。仿真分析是虚拟工厂的重要功能，不过目前数字孪生系统和仿真分析系统尚未在产品层面完成整合，所以两者的信息集成需要依靠数字孪生模型的协助。

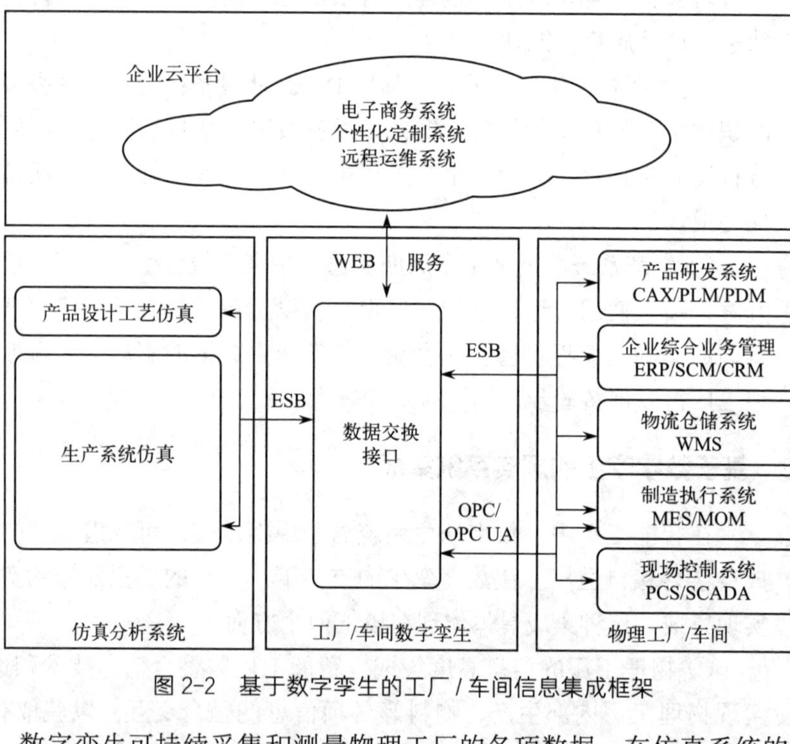

图 2-2　基于数字孪生的工厂 / 车间信息集成框架

数字孪生可持续采集和测量物理工厂的各项数据。在仿真系统的帮助下，数字孪生系统能够便捷地获取到产品设计和产品制造的相关信息，而后以所得信息数据为参照，运用可视化手段在数字空间中展示企业的生产经营过程，并将过程分析结果反馈至物理工厂，以对产品设计和生产制造实施调整优化。仿真分析系统、数字孪生系统、信息化应用系统共同组成了信息系统架构，企业可依托该架构推进商业模式革新，基于云平台为客户提供远程运维、产品定制等创新服务。

（2）信息集成的接口技术

对于基于数字孪生的智能工厂而言，其系统架构需具备较强的可扩展性，便于后续重构，以在需求发生变化时保持适用性，为实现这一点，可在系统架构中引入微服务。基于企业服务总线（enterprise service bus，ESB）的智能工厂系统集成如图 2-3 所示，借助企业服务总线和工业互联网融合工厂的多源异构信息，连通工厂内部的各单元要素。数字孪生系统中集成了多个系统，具备感知、通信、计算、控制等多项功能，能够对智能工厂实施有效的管理调度。

在虚拟工厂系统中，信息化系统基于实时数据驱动和控制物理工厂。企业服务总线采用独立应用软件的形式，通过云服务器对数据实施统一管理。生产系统和企业运营管理不会因为硬件、产品、供应链等条件的变动而受到显著影响，展现出较强的适应性。信息化系统拥有较强的稳定性，不必因生产设备和产品的更新而做出改动。控制系统可对设备、物料等各项信息实施分类操作，得到“清单+组件管理器”，借助管理壳开展封装服务。

2.1.4 数字孪生工厂技术与案例解析

下面列举基于数字孪生的智能工厂的五项关键技术，并指出每项技术的难点。

① 物理工厂的工业物联网技术。该技术的难点如下：融合业务层面的互联网与生产层面的控制网络；针对网络延迟、丢包等问题制定有效的解决方案。

② 虚拟工厂的建模仿真及验证技术。该技术有以下难点：在多任务并行、非单一规则以及不确定性较高的虚拟场景下完成建模；基于建模仿真执行产线调试、数据信息反馈、参数控制调节等操作，以优化生产线运行，精准满足客户需求，并有效控制运营成本。

③ 工业大数据构建及管理技术。该技术有以下难点：综合运用边缘计算和云计算，构建完整的工业大数据体系，从存储、分析、呈现各环节入手实施有效的数据管理，提升数据使用效率，同时降低数据应用成本。

④ 虚拟工厂与物理工厂融合应用技术。该技术有以下难点：从业务、数据等多个维度实现虚拟工厂与物理工厂的融合，实现生产要素物理实体

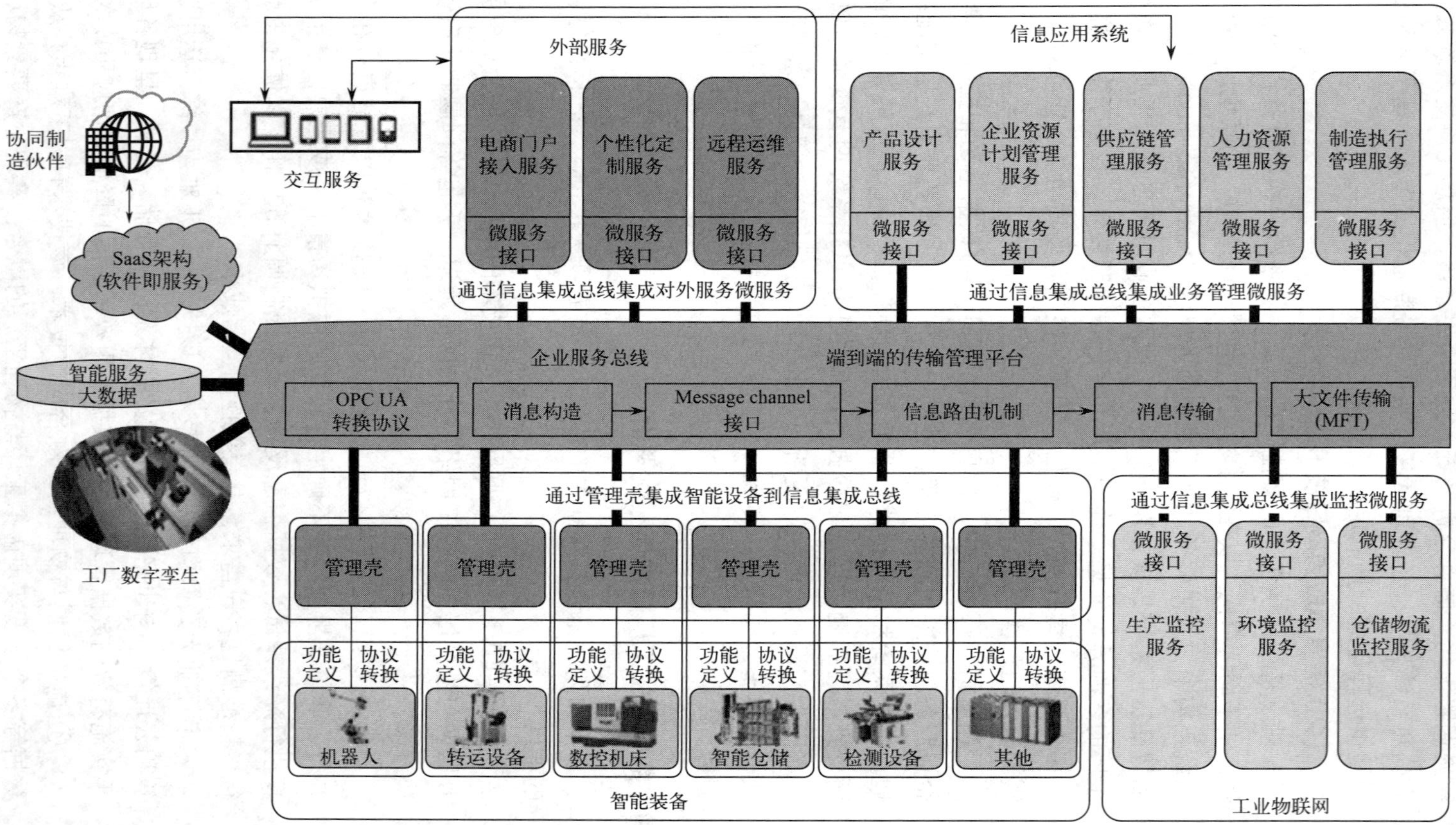

图 2-3　基于企业服务总线（ESB）的智能工厂系统集成

与数字孪生模型的双向映射；实现数字总线技术的跨平台集成，使技术在制造业领域具备较强的通用性。

⑤ 基于数字孪生的场景应用技术。该技术有以下难点：围绕数字孪生制造平台的业务场景融合，包括定制化服务、产品设计制造、远程运维；新商业模式的开发应用，如网络协同制造等。

下面介绍一个基于数字孪生的智能工厂建设案例。该案例中的技术应用对象为模型车总装车间，定制化是该车间建设的基本要求，车间对于生产系统的需求为可视化、实时性、协同性，同时还要求实现基于数字孪生的智能管控。

车间的物理硬件层包含立体仓库、机器人、AGV、质量检测设备、倍速链、无线网络和射频识别（radio frequency identification，RFID）等设备。车间管控系统则由 PDM（产品数据管理）系统、IMES（智能制造执行系统）、数字孪生系统、SCADA（supervisory control and data acquisition，数据采集与监视控制）系统及生产仿真分析系统等子系统组成。

基于数字孪生技术开发物理车间的监控界面，通过界面可查看车间的各项信息，包括生产进度、设备的运行状态及性能参数、物料使用状况等。

车间数字孪生系统的具体功能如图 2-4 所示。

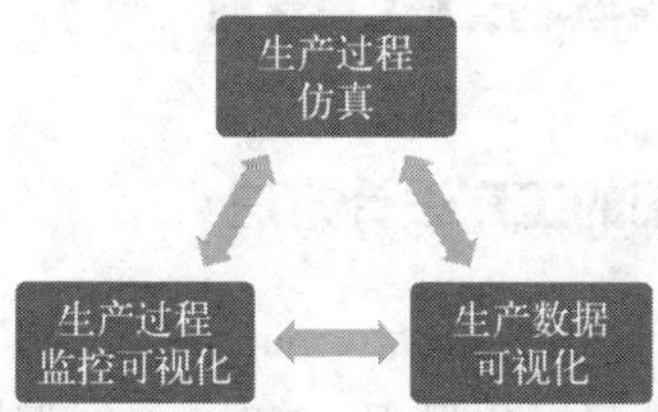

图 2-4　车间数字孪生系统的具体功能

(1) 生产过程仿真

生产过程仿真的仿真对象有生产节拍、作业负荷、物流等。数字孪生系统参照 IMES 和 SCADA 系统提供的实时数据运行虚拟生产线，通过设备利用率等参数呈现生产线的运行状况，并展示生产线当前面临的瓶颈。

(2) 生产数据可视化

利用面板、标签、图表等形式实现车间生产数据的可视化呈现，包括生产过程运行数据、库存数据、运维数据、产品质量数据等。

(3) 生产过程监控可视化

对生产过程中的各项信息数据实施可视化监控，包括设备运行状态、工艺参数等。对应不同的单元，可视化监控的具体功能如表 2-4 所示。

表 2-4　可视化监控的具体功能

监控单元	具体功能
针对生产线	通过虚拟安灯、信息标签等方式监控生产线的运行状况，执行故障识别、设备维护等操作
	运用实时数据在虚拟生产线模拟物料流动情况，同时可视化呈现生产线实时数据
针对生产设备	从设备处采集实时数据以支撑虚拟设备的运行
	通过安灯、声光效果等方式呈现设备运行状态

基于数字孪生的智能管控技术对生产系统实施仿真，以获取各类制造运营机理模型，包括产品订单、物流规划、管理机制、交付方案等，借助模型实施生产调度。该技术综合运用仿真模型和智能算法，针对智能生产线的规划、运行、远程运维各环节建立数字预测模型，并从生产现场采集人员与设备状态、物流运行、订单流转等实时信息数据，用于模型的更新和校准。在数字孪生的驱动下，利用数字预测模型进行车间运行状态的仿真预测，可以辅助车间生产决策，提高生产的效率和灵活性。

2.2 基于 VSM 的数字孪生工厂设计

2.2.1 基于价值流程图的工厂设计方法

价值流程图（value stream mapping，VSM）服务于精益生产目标，是对物流和信息流的可视化呈现。VSM 能够识别生产过程中的浪费并进行修正，从而提供科学合理的工厂设计方案。不过，VSM 仅仅是一种形象化方法，其描述对象的精细度有限，如果智能工厂的架构比较复杂，涉及数量繁多的自动化设备，则 VSM 很可能无法满足其设计需求。

相较于 VSM，数字孪生技术能够更加精细地描述物流和信息流，从而将工厂的全貌精准地映射到虚拟空间中。但是，智能工厂设计阶段有多条设计路径，设计方案也需要不断调整修改，数字孪生技术的映射无法覆盖每一条设计路径和每一版设计方案。针对数字孪生技术的这一局限性，VSM 刚好能够做出弥补，基于精益理念明确智能工厂的设计方向。可见，VSM 与数字孪生技术之间存在一定的互补性，两者的结合可为智能工厂的设计开拓新思路，形成更加完善的设计方案。

模型和数据构成了数字孪生的核心。在工厂设计中，离散事件系统仿真可用于布局验证、流程优化等。在粗规划框架下，秉持精益理念的VSM能够在短时间内完成评估，并确定改进方向。细致的工厂设计规划要用到布局、设备利用率、物流路线等各类数据，需借助仿真模型确认设计方案的合理性和可行性，以为计划的实施提供恰当指导。

未来，在数字孪生数据的驱动下，数字孪生车间的实时控制将有望实现，从而有效管理和指导车间运行。工业大数据和信息交互处理，为数字孪生模型的工业应用提供了关键的技术支撑。基于虚拟模型与物理模型的映射，可发现生产运行过程中存在的问题。由于工厂运转中的物理模型带有明显的随机性，数字孪生模型的设计要注意把握关键指标，据此判断数字孪生的保真程度。此外，数字孪生技术还可用于跟踪生产计划的执行情况，如果发现扰动因素，则对计划实施适当调整。

在工业领域，传统VSM方法可用来评估物料流，根据评估结果缩减非增值步骤，以实现流程优化。VSM方法的优点在于计算量小，且应用范围广，不过其评估较为粗略，无法为复杂的智能工厂设计提供充分支持。考虑到真实系统的复杂性，通常采用的方案是融合VSM方法与仿真模拟得到动态VSM，借此获取可视化评估结果，并制定最优方案。目前，二者融合的技术方案已广泛应用于多个领域，如医学、制造、工程应用等。

总的来说，VSM和数字孪生技术各有优劣与侧重。VSM的特点在于快速指明设计方向；数字孪生则更适用于复杂系统，能够给出精确度更高的评估结果。通过整合两者的优势，可得到更加优质的智能工厂设计方法，在系统化理论体系的指导下进行智能生产系统的数字孪生建模，并考察工厂设计数据及数字化验证工具。

在工厂规划中，VSM能够识别增值点与非增值点，可用于改进任务编排、机组排序和功能区块划分。

对于工厂设计规划中存在的增值点与非增值点，VSM可进行有效分析。作为一种分析工具，其优势在于能够清晰透明地呈现价值流中的增值过程。VSM方法拥有较高的信息采集、分析和展示效率，凭借此特性其在工厂规划中应用广泛，并在实际的应用中持续得到改进优化。

明确后续的改进点是VSM的一项重要目标。价值流分析能够指出过程低效、信息失配等问题，并给出相应的修正建议。VSM可将不同的层级作为处理对象，包括过程、生产线或整个工厂。不过，VSM评估所得到的结论精细程度不足，无法直接用于指导实施。

企业接到客户订单后着手开展生产活动，生产控制向产线分配生产制造任务，借助看板协调前端与后端产线，对前端产线的生产起到驱动作用。VSM 对工序实施快速评估，识别其间存在的改善点和非增值点，并给出相应的建议或改进措施，以实现流程的优化。VSM 快速评估的流程步骤如图 2-5 所示。

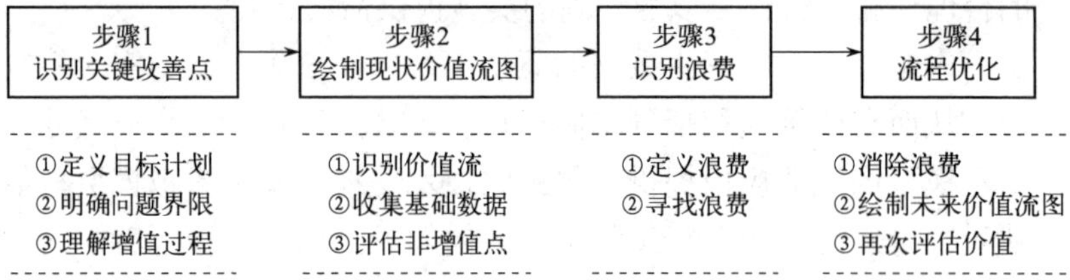

图 2-5　VSM 快速评估理论框架

2.2.2 基于数字孪生的工厂设计方法

工厂设计分为概念设计、布局块设计、细布局设计、落地实施 4 个阶段。工厂规划的数字孪生理论框架如图 2-6 所示，其中描述了各阶段工厂实体与数字孪生体的交互。各阶段的数字孪生特征如表 2-5 所示。

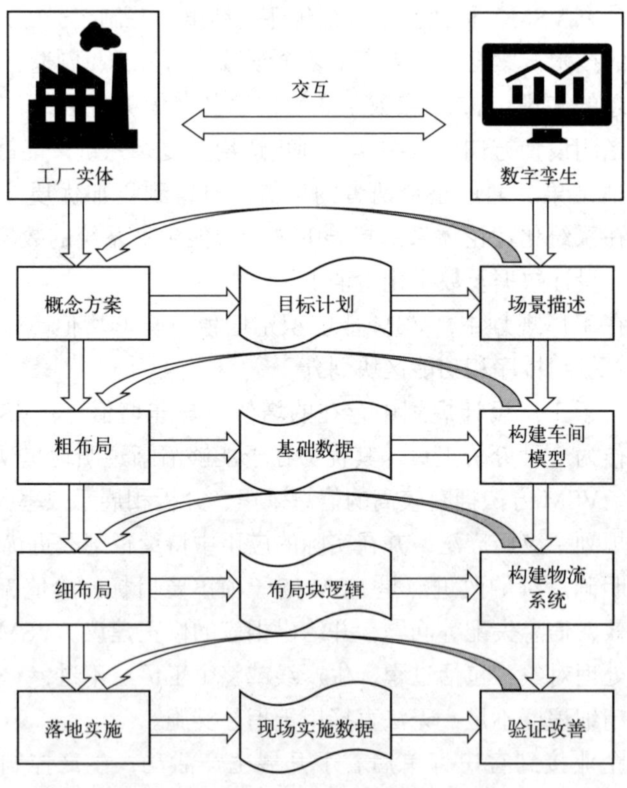

图 2-6　工厂规划的数字孪生理论框架

表 2-5　不同阶段的数字孪生特征

阶段	数字孪生特征及其信息支撑	与物理世界的接近程度
初步规划	概念方案，企业愿景	很低
粗布局	二维方案，车间基础数据	较高
细布局	三维方案，布局逻辑关系	很高
落地实施	动态模拟，数据实时交互	极高

（1）概念设计阶段

参照企业战略和愿景确定需求，形成清晰的目标计划，同时完成对需求数据的初步规划。而后开展调研活动，以掌握目标计划和数据的需求，持续推进数字孪生结构的构建。概念设计阶段的数字孪生特征为概念方案，支撑这一方案的信息仅仅是企业的愿景，而不是实际的数据。此阶段的数字孪生对物理世界的保真程度很低。

（2）布局块设计阶段

又称粗布局阶段，此阶段需确定设备数量需求以及设备所需的车间面积。基于数据采集，运用价值流方法评估得到设备数量。而后借助仿真方法验证该数量下设备的利用率和缓存区，判断其合理性，以确定改进方向。修正完成后重复评估流程，通过反复迭代验证得到最终的设计结果。布局块设计阶段数字孪生的呈现形式为二维方案，为其提供信息支撑的是车间基础数据。相较于概念设计阶段，此阶段反映的物理世界更为明确，保真程度较高。

（3）细布局设计阶段

分析布局块间存在的逻辑关系以及各布局块的物流，从理论层面开展布局块空间的设计。计算厂房、办公区域、工业绿地等工厂各部分的占地面积，得到工厂的总占地面积。细布局设计阶段的数字孪生呈现为三维仿真方案，该方案以布局块逻辑关系作为其基座。依托工厂层面的三维方案和理论数据，此阶段的数字孪生拥有很高的物理世界保真度。

（4）落地实施阶段

数字孪生设计师需要广泛收集反馈数据，在数据的支持下检验物理实体与模型之间的关系，以对模型实施调整和修正，并将修正后的结果同步到物理实体。落地实施阶段的数字孪生表现为动态模拟方案，为该方案提供支撑的是数据实时交互。此阶段的数字孪生已经非常接近真实的物理世界，保真程度极高。设计人员在数字孪生模型中验证各类控制策略，并向控制现场提供相应的指导。

数字孪生在工厂设计中发挥关键作用。工厂设计规划需要在既定周期内持续对规划方案实施调整优化，对于方案中的新修改之处，还需通过分析评估验证其可行性，对此利用数字孪生技术可得到全面的分析结果。

不过，如果单凭数字孪生技术，而没有其他技术的协助，那么工作量会十分繁重，可能很难在规定时间内完成任务。针对这一问题，有效的解决方案是将价值流方法论和数字孪生相结合，得到价值流仿真模型。在精益思想的指导下，价值流方法论可实现快速评估。凭借价值流的这一特性，在面对规划方案变化产生的分析需求时，可直接调整价值流仿真模型的参数并运行模型，以在短时间内获取评估分析结果。

2.2.3 基于 VSM+ 数字孪生的设计方法

在工厂规划阶段，充分发挥 VSM 和数字孪生各自的优势，实施规划方案的评估优化。就规划方案评估而言，单一价值流方法论评估效率较高，不过其作用的持续时间较短，且仅限于静态评估；单一离散事件仿真可实现动态模拟评估，然而建模工作量巨大，并且缺乏明确的指导。因此，在规划阶段通常融合运用以上两种方法，在缩短工作时间的同时得到更加有效的结果。

根据规划的具体阶段选择主导的方法，每个阶段会产生不同的输出物。

① 初步规划阶段：主导方法为 VSM，通过评估企业愿景明确将要开展的项目，输出物为包含确定计划的概念方案。

② 粗布局规划设计阶段：前期和后期的主导方法分别为 VSM 和数字孪生。阶段前期，VSM 基于基础数据开展流程分析，确定问题方向；阶段后期，数字孪生会针对 VSM 给出的问题方向进行分析验证，确定问题的最优解决方案。

③ 细布局阶段：VSM 与数字孪生并进，此阶段的主要任务是分析物流和信息流，即布局块逻辑分析，输出物为涵盖物流和信息流的三维方案。VSM 开展关于布局的全面评估，以确定调整改进的方向。比如，通过对厂区物流的评估分析，VSM 可识别出拥堵发生概率较高的路段，并采取相应措施进行物流路径的优化。对于通过 VSM 评估优化形成的方案，数字孪生模型会做出验证，得到最终的细布局。

④ 落地实施阶段：主导方法为数字孪生模型，通过分析现场实时数据，为落地实施工作提供指导。以立体库的落地实施为例，针对装卸道口安装这一场景，数字孪生可通过分析给出安装的数量和具体位置，指导现场人员按要求完成任务。此阶段的输出物为现场实施数据，该数据具有实

时交互的特性。

不同阶段的 VSM 与数字孪生的结合方式和输出物如图 2-7 所示。

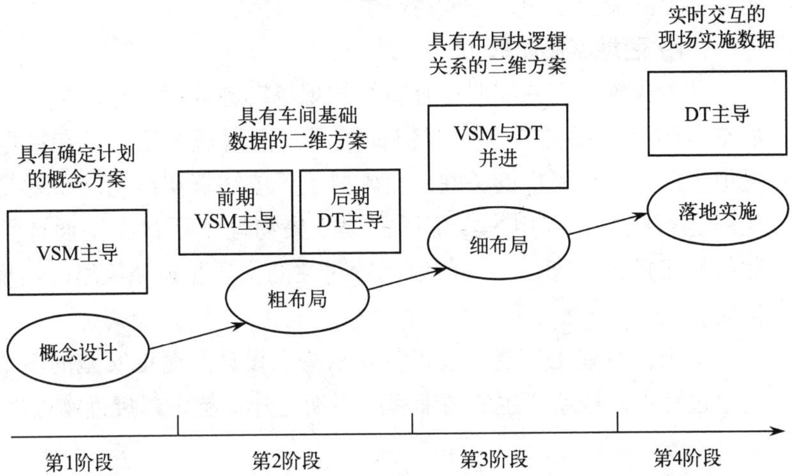

图 2-7 不同阶段的价值流和数字孪生的结合方式和输出物

以下是各阶段 VSM 与数字孪生结合的具体方法。

(1) 概念设计阶段

此阶段输出工厂层面的概念方案，主要是工厂的布局及运作模式等。概念设计阶段居于主导地位的是 VSM，阶段内的第一项任务是开展工厂环境调研，包括工厂周边区域的交通、人力等各方面的区位和资源条件，以及工厂的规划产能和占地面积，而后结合调研数据和价值流图方法形成具象化的概念设计方案。

(2) 粗布局阶段

此阶段输出车间层面的单元布局以及运作方案。在阶段前期，运用 VSM 方法考察车间运行流程，识别出其中的增值环节和非增值环节，据此实施流程的优化，形成车间的粗布局。在阶段后期引入数字孪生技术，借助离散事件仿真方法对先前得到的粗布局进行分析评估，运用工序级仿真检验设计方案的可用性，确保其符合车间生产的各项要求。

(3) 细布局阶段

此阶段的输出物为车间方案，主要关注点为物流与信息流的集成，车间方案中包含工位、仓储、物流等各个单元间的逻辑关系。在这一阶段，基于 VSM 与数字孪生协同开展设计工作，利用 VSM 渐进地提高单元设计的精细度，借助工步级别的高精度仿真模拟实现高保真数字孪生，依托物流与信息流的融合识别物流设计中存在的拥堵点，确定方案优化的方向。

而后，在数字孪生的驱动下使VSM模型变得更为精细，显示设备紧急维修流程、物料供应规划等信息，以持续改进设计方案，实现设备的高效利用和物流的流畅运转，达成精益生产的目标。

（4）落地实施阶段

此阶段输出具有实时交互特性的现场实施数据。运用数字孪生技术评估车间方案，根据方案实施仿真模拟，得到虚拟工厂。在数据层面建立虚拟工厂与物理工厂的关联，使虚拟工厂能够真实准确地映射物理工厂的实时运行状况。利用虚拟工厂模型收集物理工厂数据，通过数据分析预测物理工厂的状态，并提前给出针对性的指导和调整策略，实现工厂运行优化。

综上，智能工厂建设过程包含从概念设计到落地实施的多个阶段，在这个过程中，数字孪生的精细程度不断上升，越来越接近物理世界。

2.3 工具磨床数字孪生总体架构设计

2.3.1 国内外数控工具磨床的发展

工具磨床是一种精密加工装备，其演进过程大致可分为三个阶段：

- 技术萌芽期（19世纪）：工具磨床以金属加工设备原型出现，初步实现基础切削功能。
- 工业化制造期（20世纪初）：随着电机技术和磨削工艺的进步，工具磨床进入工业化生产阶段，德国施耐德、美国辛辛那提等公司推动了专用工具磨床的规模化制造。
- 技术突破期（20世纪70～80年代）：在全球制造业不断扩张的背景下，数控技术、高精度磨削工艺及新型磨具的应用成为工具磨床升级的核心，推动其向自动化、精密化方向发展。

为适应刀具制造的大批量定制化需求，工具磨床需不断进行技术升级。在发展初期，工具磨床大多采用单轴手动磨削机构，依赖人工操作；随着技术的进步，工具磨床实现半自动化，可借助机械传动机构综合运用手动进给和电机驱动的方式来提高加工精度；现阶段，工具磨床已进入数控复合阶段，可借助五轴联动数控系统保证复杂形状加工的精确度。

磨刀机是工具磨床发展初期所使用的一种刀具修磨设备，大多采用基础机械构造，主要由机体、电机和砂轮等部件构成，具有结构复杂度低的特点，适用于小型刀具的简易刃面成形。具体来说，典型磨刀机如图 2-8 所示。

图 2-8 典型磨刀机

磨刀机在精度、效率和功能方面存在较大的局限性，缺乏多轴定位夹具，完全依赖人工目视对刀，且无法实现螺旋刃口磨削，难以充分满足当前的使用要求，因此，目前磨刀机仅作为辅助机床使用。

与磨刀机相比，手动工具磨床具备精密机械结构和模块化系统，配置可旋转滑动平台与刻度化旋转工作台，采用标准化接口设计，可支持快速更换不同研磨组件，具有生产准确性高、机床性能可靠、机床维修方便等诸多优势。手动工具磨床如图 2-9 所示。

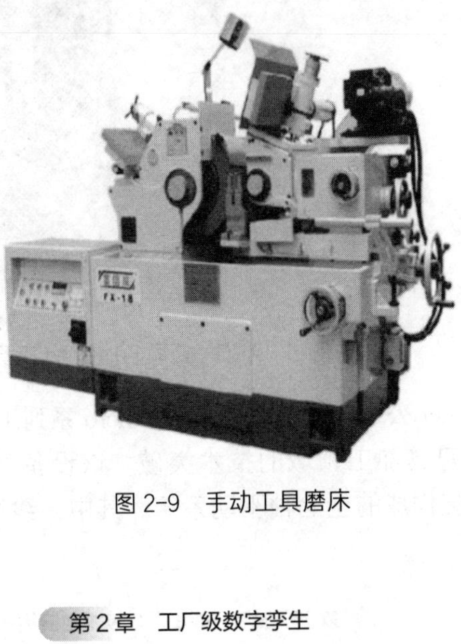

图 2-9 手动工具磨床

当前，该设备主要用于专业刀具制造企业的试制车间和中大型企业维修部门的刀具再生工程，为相关工作人员的新刀具原型开发和硬质合金刀具修复工作提供支持。

数控工具磨床可实现多轴协同控制、智能加工和工艺扩展等功能，可以充分发挥数控技术的作用，实现联动轴柔性协调运动，有效控制加工过程，提高刀具加工精度和效率，在现代制造业的多种刀具加工场景中发挥着重要作用，同时也可以在技术层面为工业生产提供强有力的支持。

数控工具磨床的技术发展经历了数控化、精密化和智能化三个阶段，就目前来看，ANCA、Walter、Saacke、Schutte、Makino 等品牌的发展速度较快，在数控工具磨床领域占据重要地位。

澳大利亚 ANCA 公司构建了完整的数控工具磨床产品矩阵，开发出 FastGrind、FX7 Linear 等多个系列的数控工具磨床。例如，FastGrind 系列工具磨床（如图 2-10 所示）具有功能多样、高度柔性化等特点，是面向刀具再生工程的专用设备，可以在硬质合金钻头刃口修复、微型铣刀螺旋槽重构等加工场景中发挥重要作用；FX7 Linear 系列工具磨床（如图 2-11 所示）采用线性电机直驱技术，配有多轴联动控制系统，搭载 iGrind 智能工艺库和热变形补偿系统，具有加工速度快、加工精度高、结构设计稳定、操作难度低等诸多优势，可以实现复杂形状刀具的精密加工，且不受加工材料的限制。

图 2-10　ANCA 公司 FastGrind 工具磨床

德国 Walter 公司开发的 Helitronic Micro 系列工具磨床（如图 2-12 所示）实现了微型刀具加工领域的技术突破。该设备配有由线性轴组、旋转轴组和主轴系统构成的全七轴驱动系统。其中，线性轴组采用线性电机直驱

图 2-11　ANCA 公司 FX7 Linear 工具磨床

技术，具有较高的加速度和重复定位精度；旋转轴组配置力矩电机直接驱动，能够有效控制转矩波动；主轴系统具有三工位砂轮架，且每个工位支持 4 片砂轮，可实现微型刀具成形和复合工艺集成，在制造和打磨微型刀具的过程中发挥着重要作用。

图 2-12　德国 Walter 公司 Helitronic Micro 系列工具磨床

德国 Saacke 公司是精密刀具磨削技术领域的领军企业，其核心产品 UWIC、UWIE、UWIF 系列五轴数控磨床（如图 2-13 所示）均采用多轴联动控制与模块化砂轮组设计，可充分保证复杂刀具成形精度。

德国 Schutte 公司开发的 335linear 系列五轴数控刀具磨床（如图 2-14 所示）采用倾斜式主轴设计，通过紧凑结构布局的方式扩大加工空间，减少设备占地面积，且集成高精度驱动系统与智能控制软件，可以与全域温控管理和多级冷却过滤模块协同作用，提高加工过程的热稳定性和系统的刚性程度，充分保证复杂刀具的成形精度与加工效能。

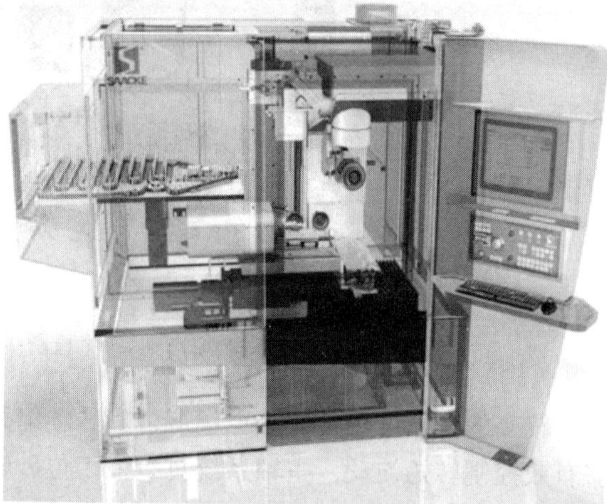

图 2-13　德国 Saacke 公司数控磨床

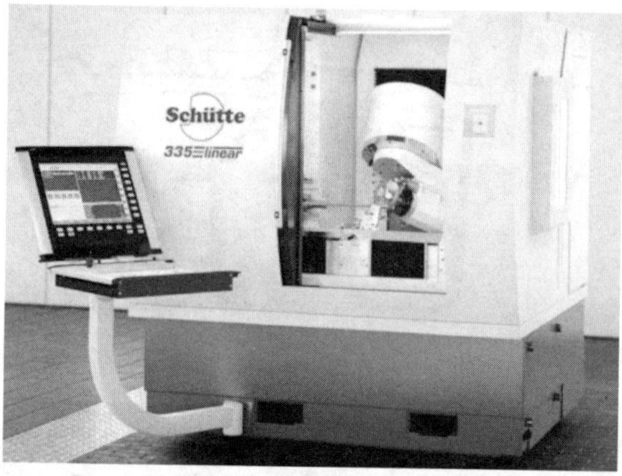

图 2-14　德国 Schutte 公司 335linear 系列

国内工具磨床技术的发展历程大致可以划分为以下几个阶段：

- 技术引进期（20 世纪初期）：国内整体工业基础薄弱，主要依赖进口设备完成基础刀具修磨任务。
- 技术探索期（1950 ～ 1970 年代）：引进国外技术与自主研发并行，逐步建立了沈阳机床、秦川机床等骨干企业，开启了工具磨床国产化探索的道路。

- 技术提升与国产化期（1980 年代）：依托现有企业，深化技术引进与融合，实现了通用型工具磨床的规模化生产。
- 创新突破期（2010 年前后）：工具磨床技术进入自主创新阶段，成功应用五轴联动数控系统开发出航空航天刀具精密磨削设备等高端产品。

武汉机床有限责任公司是我国工具磨床领域的领军企业，自 2010 年启动战略转型，逐步攻克了五轴联动数控技术瓶颈，自主开发出 WTG 系列数控万能工具磨床，实现了航空刀具精密成形等高端制造装备的国产化突破；优科智能装备有限公司开发的 S-tech+4 五轴联动数控工具磨床，基于德系模块化工程架构，构建精密刀具加工技术平台，实现了微小型刀具复杂几何特征的全流程智控成形，填补了我国高精度刀具再生制造装备领域的技术空白；台州北平机床深耕精密磨削装备领域，对标国际先进技术标准，其推出的 BPX6 机型采用九轴五联动数控架构，可满足刀具量产场景下的全自动产线集成需求，实现了复杂刀具的高效精密成形。优科智能公司 S-tech+4 工具磨床与北平机床股份有限公司 BPX6 多功能工具磨床分别如图 2-15、图 2-16 所示。

图 2-15　优科智能公司 S-tech+4 工具磨床

2.3.2　工具磨床数字孪生结构设计

五轴工具磨床数字孪生技术是刀具制造领域的一项关键技术，其融合了传感与信息处理技术，可根据物理机床构建相应的高保真虚拟镜像，并

图 2-16 北平机床股份有限公司 BPX6 多功能工具磨床

将物理机床的结构、运动和运行参数变化等实时同步到虚拟空间中。通过虚实双向数据通道，实现加工过程实时监控、工艺参数优化和设备状态预判，同时充分利用三维可视化追踪功能，全面掌控刀具精密制造全流程。

如图 2-17 所示，工具磨床数字孪生系统通过物理实体层、虚拟映射层、工艺执行层和仿真验证层构建四维协同架构，形成虚实联动的闭环验证体系。

在工具磨床数字孪生系统中，物理实体层是由机床本体与感知装置

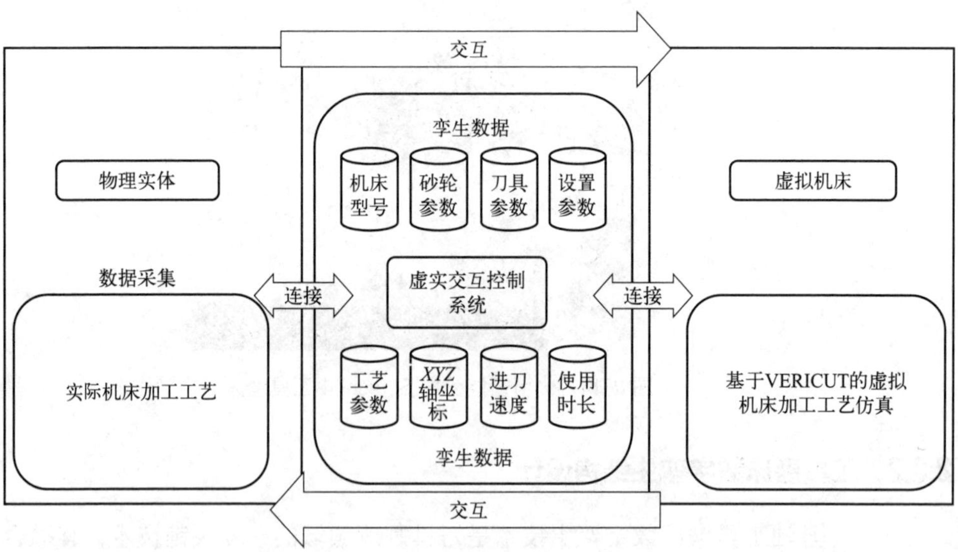

图 2-17 工具磨床的数字孪生系统结构模型

构成的硬件系统，可以为系统提供实时运行数据；虚拟映射层可生成几何构型与运动学模型的数字化镜像，通过数字化建模的方式复现机床动态特性；工艺执行层是装夹策略与路径规划的实际工艺链，可以将优化后的参数反馈至物理设备；仿真验证层可基于 VERICUT（仿真软件）进行虚拟加工预演，通过虚拟环境预演的方式确保工艺的可行性，最终实现从物理实体到虚拟空间的全要素数字化映射与双向动态优化。

虚实交互控制系统是数字孪生架构的中枢模块，可通过实时数据流处理连通虚实系统，驱动虚拟模型与物理机床动态同步，保持虚实映射精度，同时也可以集成实时异常诊断与自适应调控机制功能，快速响应和补偿加工偏移、热变形等工况偏差，实现对工艺链全周期的一致性闭环控制。

2.3.3 工具磨床数字孪生系统框架

工具磨床数字孪生系统主要包含物理层、虚拟层、数据层、服务层和应用层，可形成从物理实体到智能服务的全链路闭环，如图 2-18 所示。

（1）物理层

工具磨床数字孪生的物理实体由机床本体、数控系统、传感装置、数据采集模块等硬件单元构成，可以通过多源异构设备的协同运作，为数字孪生系统提供物理基座与实时数据源。

（2）虚拟层

虚拟层可根据物理实体的几何构型、工艺链参数、运动轨迹等信息构建高精度数字镜像，并在此基础上实现刀具制造全流程仿真与在线监测。从原理上来看，虚拟层可基于同步映射规则定义虚实动态约束条件，并依托 OPC UA 等通信协议构建双向数据通道，形成虚拟指令逆向调控物理设备，进而实现对机床等物理设备的反馈控制。

（3）数据层

数据层是工具磨床数字孪生系统的核心枢纽，具备数据管理、数据处理、数据传输等多种功能，可以管理物理空间和虚拟空间中的多源异构数据，如历史归档、实时流、设备工况等，并对这些数据进行预处理，经过处理的数据被传输到上层应用中，支撑系统完成各类智能决策。

（4）服务层

服务层是基于多维度数据聚合分析构建的加工过程可视化界面，可通过实时工艺链透视与生产效能热力图，实现对操作层的精准监控以及对管理层的决策支持，进而有效提高生产效能和加工质量，实现以数据为主要驱动力的智能化管控。

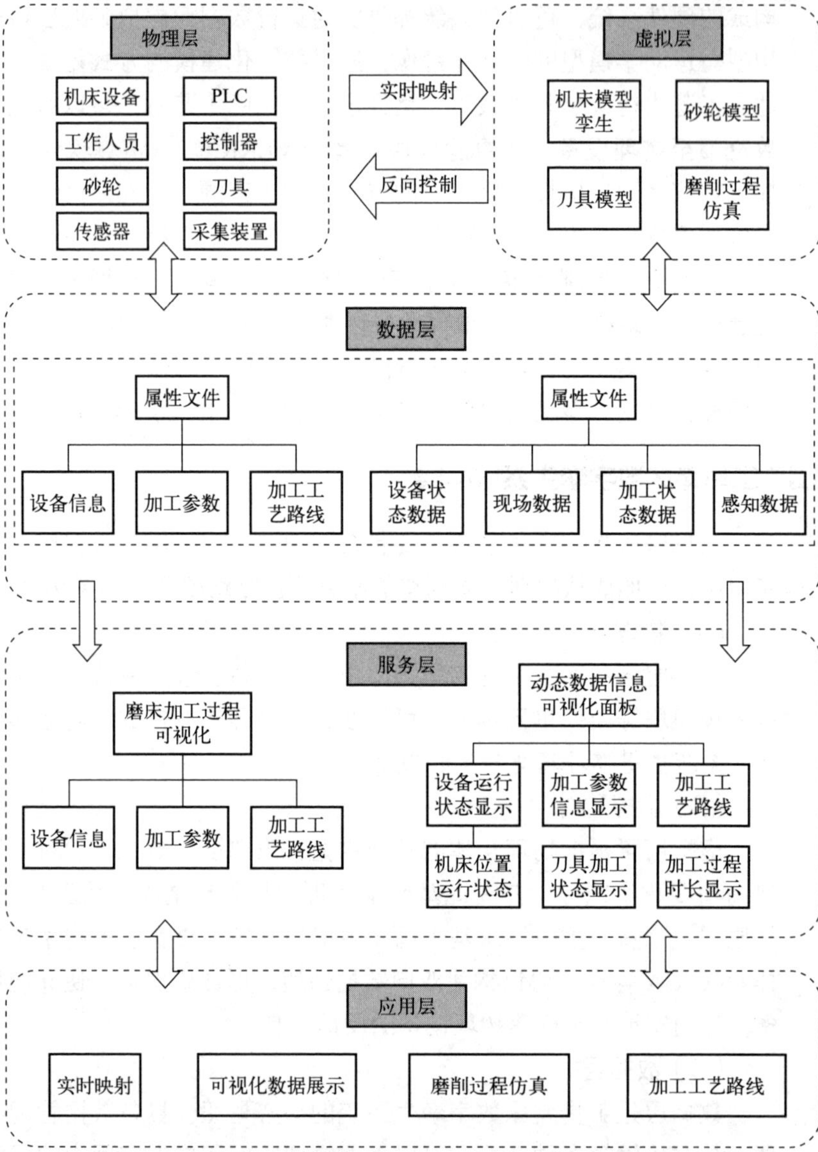

图 2-18　工具磨床数字孪生体系总体框架

(5) 应用层

应用层是工具磨床数字孪生系统的功能集成枢纽，可借助 OPC UA 通信框架连接起物理空间和虚拟空间中的各个模块，并支持各个模块之间互相协同，进而实现实时状态映射、三维工艺链可视化和磨削动力学仿真，增强系统在工艺参数动态优化、质量偏差在线补偿、设备效能智能评估等多个方面的管控能力。

2.3.4 工具磨床数字孪生等级模型

基于数字孪生技术特性，系统解析工具磨床数字孪生的技术演进路径与应用场景，构建涵盖物理实体、虚拟映射、数据交互和智能决策等多项内容的多维架构模型，同时搭建包含多个层级的成熟度评估体系，并据此展开分层递进的技术开发和工程验证，进一步深化关于工具磨床数字孪生的研究。

（1）机械层（以虚仿实）

在机械层，系统以工具磨床核心机械组件为建模对象，主要涉及由基础部件、主传动系统、进给传动系统、辅助装置等构成的多轴运动系统。具体来说，基础部件包括床身、立柱、导轨等关键部件，主传动系统包括传动部件、主运动执行部件、平动轴运动部件、旋转轴运动部件等部件，进给传动系统包括工作台和进给机构等组成部分，辅助设备包括液压、润滑、冷却、排屑、保护装置等关键部件。

系统可以根据这些机械结构的实体构建高保真动力学模型，精确复现实体机床的机械特性与动态响应，为数字孪生系统提供物理数据基准源，从而在数据层面为虚实交互的精度闭环验证与工艺优化决策提供支持。

（2）电气自动化层（以虚映实）

电气自动化层构建虚实闭环控制链路，利用虚拟控制指令驱动实体设备响应，从而大幅提高仿真响应特征与实际伺服动态参数的匹配度，同时充分发挥基于双向数据同步机制的作用，实现虚实设备运动轨迹高度重合的协同控制，支撑制造过程全要素数字孪生映射。

（3）数控系统层（以虚控实）

数控系统层可构建高精度虚拟加工链仿真系统，借助开放式数控内核架构实现多轴联动指令编译，利用实时通信协议确保虚拟控制与实际控制之间的协同性，以便提高物理实体与虚拟模型在轨迹方面的一致性，支撑系统实现在复杂曲面加工场景中的虚实设备运动状态同步响应。

（4）加工制造工艺层（以虚预实）

加工制造工艺层可构建多物理场耦合仿真系统，支撑虚拟工艺预演与物理设备实时互联，并综合运用在线工艺参数优化算法，根据实际情况动态调整加工策略。与此同时，也可以基于实时稳定性分析与寿命预测模型，提前识别工艺缺陷并优化切削参数，加强工艺质量管控，从而有效控制加工精度波动，降低废品率。

（5）以虚优实

以虚优实层可基于虚拟仿真数据有针对性地优化工艺链，利用多目标优化算法生成增效降耗方案，进一步提高工艺链的能效和生产质量的稳定性。

（6）虚实共生

虚实共生层可构建全要素动态一致性架构，借助数字线程实现物理与虚拟双域实时同步，并充分利用深度强化学习算法，建立自主决策机制，实现工艺链自优化和故障自愈，支撑系统适应各种复杂工况，推动制造系统向智能化与柔性化的方向升级发展。

工具磨床数字孪生系统通过多层级叠加实现多个维度的虚实融合，促进数字孪生技术全方位应用到精密加工领域，推动制造流程的数字化管理优化升级。

2.3.5 工具磨床数字孪生四个层次

工具磨床数字孪生系统可构建数字化模型，并借此模拟优化整个刀具加工制造流程。其四层架构可覆盖机械结构、电气自动化、数控系统和刀具制造工艺等核心维度，如图 2-19 所示。

（1）机械层

工具磨床的机械层可基于 UG 平台构建床身、立柱等关键部件的三维模型，并充分发挥数字化建模技术的作用，精准还原工具磨床的物理结构。

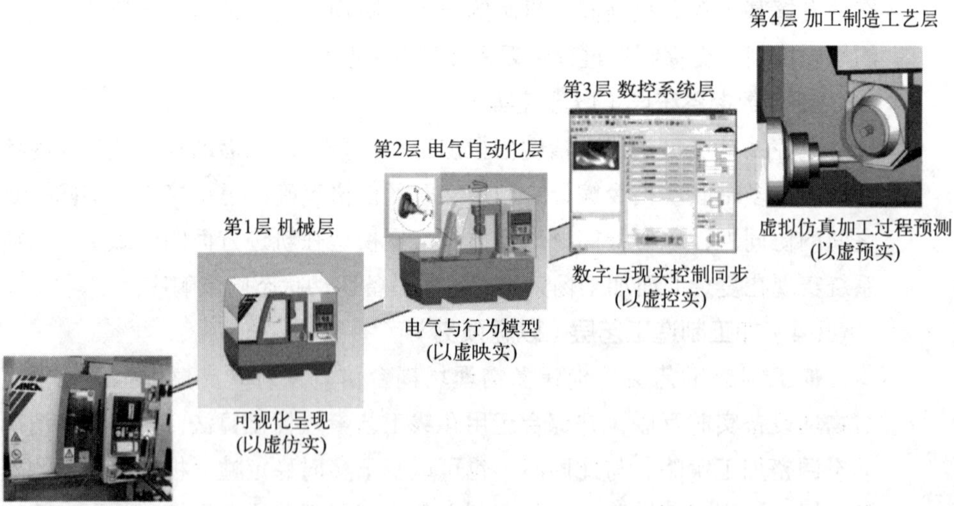

图 2-19　数字孪生能力等级

（2）电气自动化层

电气自动化层可基于NX MCD机电一体化平台构建五轴工具磨床虚拟模型，实施可编程逻辑控制器（programmable logic controller，PLC）硬件在环仿真测试，并完善虚拟调试体系。一般来说，该层级主要用于电气系统建模和电气组件仿真调试，可通过OPC UA协议打通不同系统之间的数据交互渠道，实现跨系统数据互通，支撑数字孪生全要素性能验证。

（3）数控系统层

数控系统层可集成加工路径编程、代码解析、虚实协同机制等多项内容，基于虚拟控制面板的孪生模型仿真模拟整个刀具加工制造流程及相关工艺，优化调整各项相关参数。该架构主要包括加工路径优化、代码逻辑验证和虚实协同优化三大核心模块，可充分保证数控系统的运行效率和稳定性。

（4）加工制造工艺层

刀具加工工艺层聚焦数学模型构建，兼具切削参数建模和刀具路径规划等多种功能，可借助VERICUT平台实施数控磨削仿真，通过虚拟仿真的方式验证工艺的稳定性和精确性，进而实现全流程工艺模拟与参数优化，获得更高的刀具加工效率，充分保证成品质量。

第 3 章

车间级数字孪生

3.1 数字孪生车间总体架构与关键技术

3.1.1 智能车间系统架构设计

在制造业领域，信息技术的引入推动了生产方式的变革，显著提升了生产制造的智能化水平，其中生产信息处理是信息技术的重要应用场景。生产制造过程涉及设备状态、工艺参数、物料周转、能源消耗等各项信息。通过对信息的汇总分析，可对人员、设备及生产流程实施有效的管理调度，确保生产的安全高效运行。为实现上述目标，需利用数字孪生技术建设智能车间，构建完善的生产过程监测系统。

（1）智能车间系统的总体架构

在数字孪生理念的指导下，智能车间系统将生产现场的实时状况映射到虚拟空间中，包括设备运行状态、生产进度完成情况、产品质量、能量消耗情况、安全性、故障及异常等，根据生产过程中的各项指标做出相应的管理决策，促进安全节能生产，提升生产效率和产品质量。

下面介绍智能化车间建设的具体方案。该方案融合运用各领域的多项技术，可清晰呈现并有效利用生产现场的各项信息数据。智能化车间中设有数据中转系统，用于获取与生产相关的各类数据，包括设备状态、工艺参数、产品质量、生产计划执行情况、物料运转状况等，并通过数据中台将以上信息数据映射到产线的数字孪生体中。而后，数字孪生体参照实时和历史两个层面的车间产线运行数据，通过模拟仿真的方式分析产线设备的运行状态，针对设备潜在问题和故障发出预警信息，以实现产线运行的优化。

系统的总体架构如图 3-1 所示。

（2）技术架构和功能设计

项目的架构为 B/S（browser/server，浏览器 / 服务器）架构，在 3D 绘图协议的支持下，客户端的用户可在任意时间任意地点访问项目。数字孪生服务的运行系统可选择 Windows 和 Linux，能够兼容工业互联网云平台，也可采用私有化部署的方式。发挥 Unity 3D 引擎在数字孪生领域的技术基座作用，同时在数字孪生服务中导入物理仿真、网络通信服务、粒子系统等各类插件，在此基础上开发仿真引擎，构建完整的数字孪生系统。该系统的主要功能包括模拟场景建造、实时数据接入、模拟仿真分析等，在开

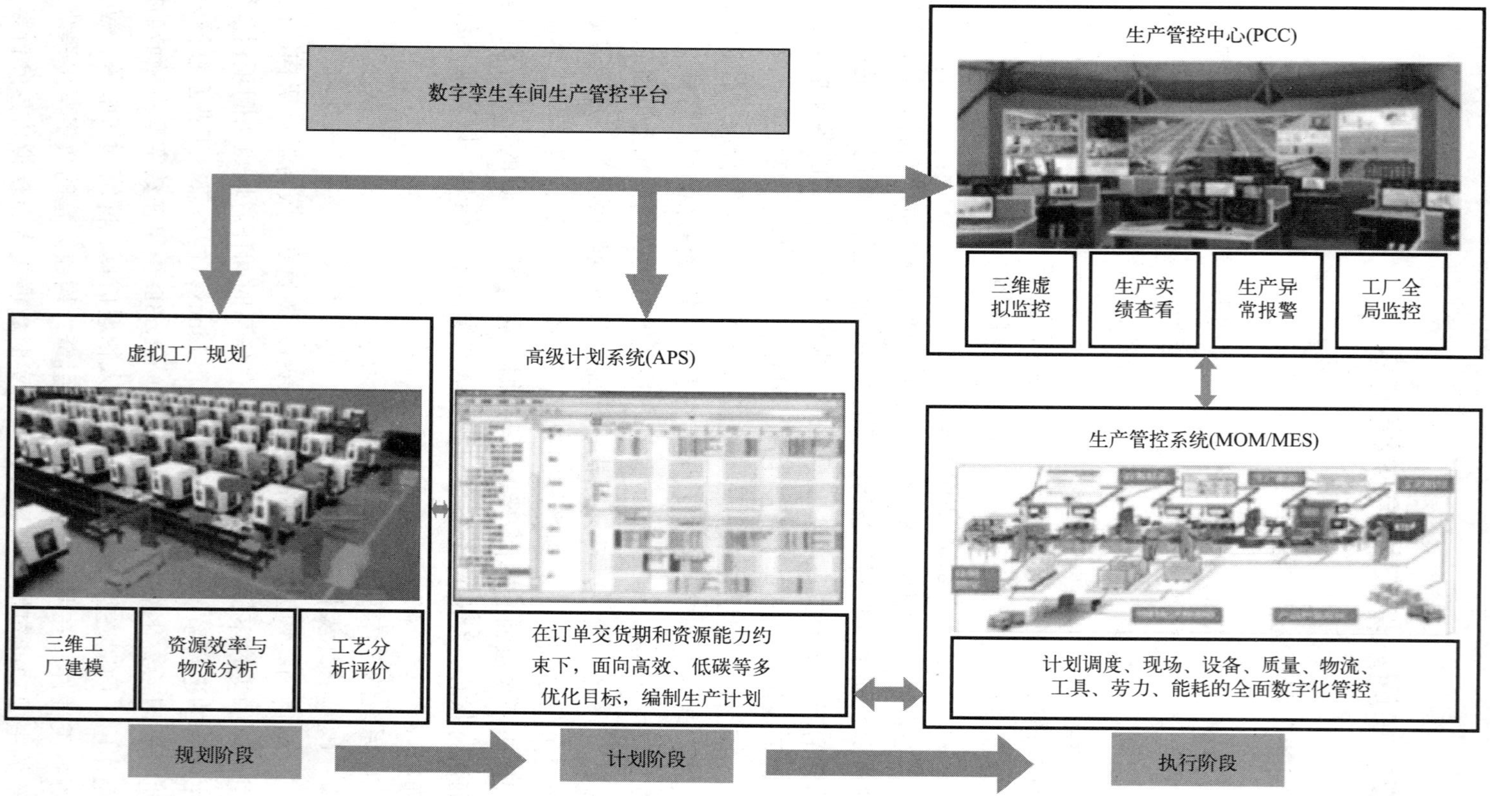

图 3-1　智能车间系统总体架构

展具体的功能设计时，需重点围绕以下几个方面。

① 生产线设备虚实映射。利用建模和数据接入，实体产线与虚拟产线之间将形成映射，同时两者之间可进行实时交互，完成各项数据和要素的更新。基于已有数据模型，用户可实现各项产线活动在物理空间和数字空间的同步运行，生产计划执行、生产流程管理、产品质量管控等各个过程和环节将被同时呈现在实体产线和虚拟产线上，由此车间管理者可根据生产目标对生产过程实施智能化管控。

借助交互设备，用户可以同存在于虚拟空间的要素展开交互。在数字化工厂和智能车间中，虚拟仿真技术的应用场景之一为生产现场的三维仿真呈现，可通过旋转、缩放等操作全方位展示模型，此外也可根据仿真结果提供导航服务；应用场景还有模拟设备运行状况，查看设备的模拟仿真动态，通过读取其中的预设文件完成设备动态仿真操作。

利用数据感知设备采集数据，借助边缘计算执行数据的整合和传输操作，而后在数据驱动模型的支持下完成模拟仿真，建立工厂和车间数字孪生体。物理工厂同虚拟工厂基于数字孪生形成有效协作，前者为后者提供感知信息，后者对前者进行优化，对车间生产流程实施智能化管理，构建高效高质安全的生产环境。

车间级的虚实映射如图 3-2 所示。

② 生产监控、预警及数据可视化。在数字化升级方面，企业应发挥工业互联网的技术底座作用，以自动化、信息化、智能化基础设施作为根基，运用数字孪生技术，建设数字化工厂和智能车间。首先总结提炼包括人、机、物、法、环在内的产线各要素的行为方式，完成行为规则建模。而后通过感知并接入产线数据构建产线仿真系统，以实体产线驱动虚拟产线。然后借助模型系统采集实时产线数据，监测产线运行状态，针对产线的潜在问题和风险发出提示预警，使管理人员能够充分掌握产线的相关信息，据此做出更加精准合理的决策。

③ 智能化车间实现流程

a. 结合产线设备数据构建数字孪生数据管理分析架构，以便对产线数据执行各项管理操作，包括数据的采集、输入、更新、呈现等。

b. 构建产线的三维数字模型，还原生产现场的构造和设备布局，将物理空间映射到数字空间中，构建数字孪生体系。

c. 实现实体产线和数字模型之间的数据互联，实时采集产线数据，以此驱动模型运行。运用可视化手段将生产现场的各操作流程呈现到数字孪生体中，包括设备运行、工件加工等，在物理空间和数字空间之间建立信

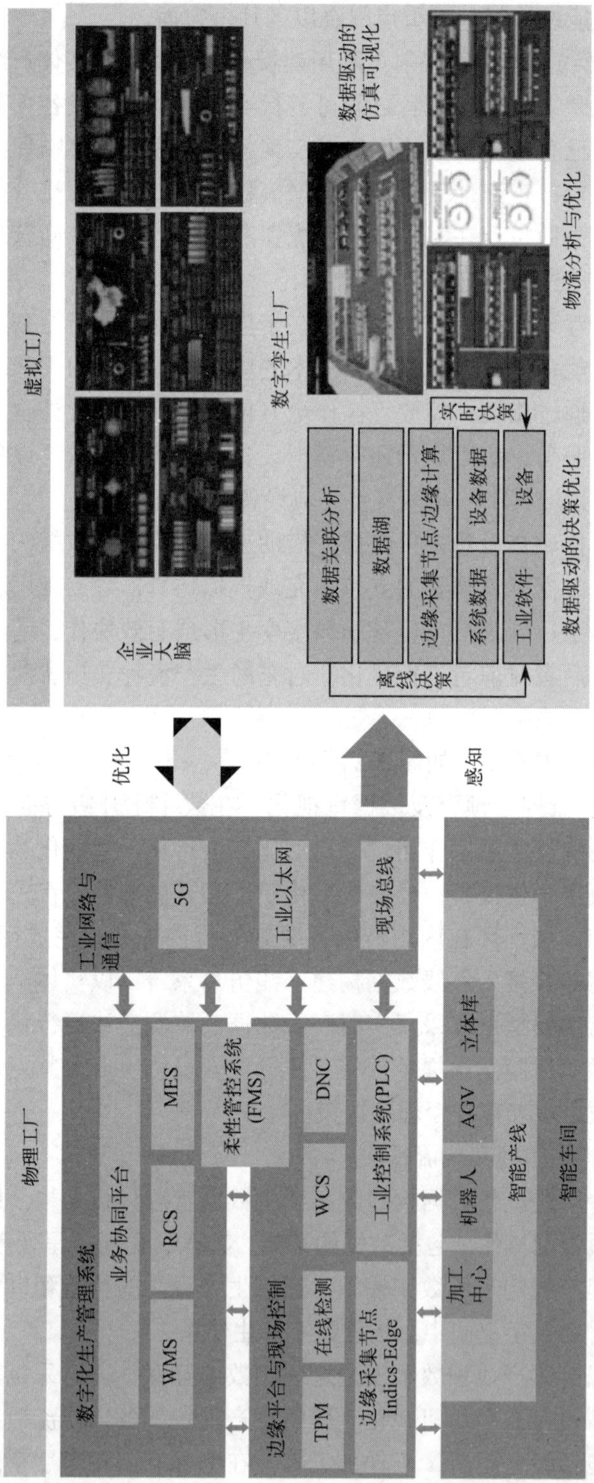
虚拟工厂
企业大脑
数字孪生工厂
数据驱动的仿真可视化
物流分析与优化
数据关联分析
数据湖
边缘采集节点/边缘计算
系统数据
设备数据
工业软件
设备
离线决策
实时决策
数据驱动的决策优化
优化
感知
物理工厂
工业网络与通信
5G
工业以太网
现场总线
数字化生产管理系统
业务协同平台
WMS
RCS
MES
柔性管控系统(FMS)
边缘平台与现场控制
TPM
在线检测
WCS
DNC
边缘采集节点 Indics-Edge
工业控制系统(PLC)
加工中心
机器人
AGV
立体库
智能产线
智能车间

图 3-2　虚实映射示意图

息联动，更加便捷地掌握生产现场的最新进展。

d. 构建系统预警模型，基于产线实时数据监测产线运行状态，针对异常状况和潜在风险及时发出预警。

智能车间的建设内容框架如图 3-3 所示。其中机床、机器人、自动导向车（AGV）、仓储管理系统（WMS）等负责数据的采集，企业利用各领域的数据分别完成生产线、数字化立库、智能物流各单元的部署工作，未来还将基于数据推进数字孪生体建设，并启用数据监控和数据预警。

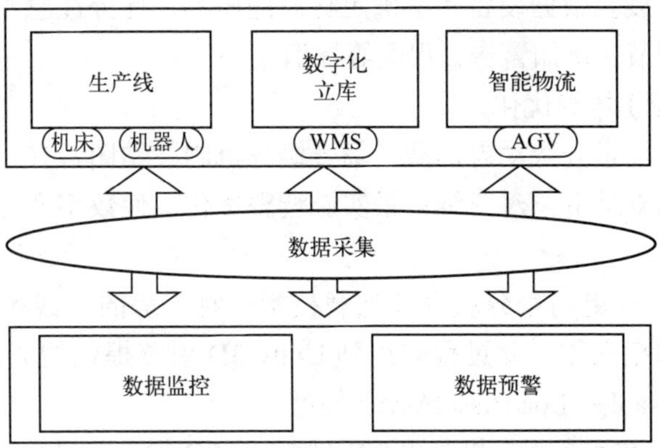

图 3-3　智能车间建设的内容框架

3.1.2　数据建模与仿真技术

为确保车间设备安全，需对设备状态进行分析预测，针对潜在的异常状况及时发出预警信息。过去常采用的预测分析方式是基于对历史数据的逻辑分析结果构建模型，而后围绕模型展开离线仿真分析。不过，该方法在实时性上无法满足车间设备分析的要求，因此需寻找其他方案。此模型主要对基于数字孪生的车间场景数据建模与仿真技术、制造实时数据监控技术、大数据驱动的状态预警技术三方面进行研究。

下面我们首先对数据建模与仿真技术进行简单介绍。

综合运用数据建模和数字孪生两项技术，可将产线运行状况实时映射至数字空间中。数据建模与仿真技术借助工业物联网获取实体产线数据，基于数据开展产线数字孪生体的建设，还原出产线的运行环境、运行方式等，并对实体产线设备实施全方位的模拟仿真，执行设备的监测、调节等操作，通过虚实相映提高产线运行的数字化水平。

（1）设备建模

数字孪生体构建需集成多种来源的模型数据，主要包括几何模型、数据模型、知识模型等。几何模型中包含几何外形及其特征逻辑关系、工程属性等要素，数据模型的数据源分为动态和静态两类。模型接口的互操作需借助模型文件，且拥有一定的接入和解析能力，可解析读取 step 等较为常用的计算机辅助设计（computer aided design，CAD）模型，并且能够完成对模型文件几何外形的解析。

三维模型制作完成后需对其实施贴图处理，通常情况下贴图选用的材质有漫反射贴图、金属平滑度贴图、环境光遮蔽贴图等，以获取更高的模型真实度。根据设备状况确定材质的质感，此外注意不要抹去含有关键信息的细节，例如警告、提醒等标识。

（2）场景优化

在场景分块动态加载、场景缓存机制、贴图合并、静态批处理等多项技术的支持下，对三维场景实施调整优化，使数字孪生系统展现出更强大的性能。

① 运用场景分块异步加载技术，对厂房的产线和各项设备逐一执行异步加载操作，此过程需用到 Unity 3D 引擎提供的 Addressable 技术以及 Addressables. LoadAssetAsync 模型；

② 在场景缓存机制中，借助 Unity 3D 的 SceneManager.LoadSceneAsync 方法执行场景的异步加载操作；

③ 贴图合并技术的作用是减少贴图用量，同型号设备共用贴图可节省内存占用；

④ 静态批处理技术主要用于处理场景设备模型中的物体，使用这项技术时首先需要设定一个 Static 值，静态批处理将为模型中的各个物体创建合并网格（combined mesh），起到降低 DrawCall 的效果，并且在这个过程中渲染能力也将得到提升。总之，通过场景优化操作可优化车间孪生系统的性能。

3.1.3 制造实时数据监控技术

基于数字孪生可以实时监控制造数据。数字孪生的映射主要涉及两个层面，分别是现场物理生产和生产工艺。现场物理生产映射着重关注生产加工数据的映射，通过数据的可视化呈现实时监控车间的生产运行状态；生产工艺映射着眼于产线数据的实时仿真，并将数据与生产工艺融为一体，以实时监控数据，完成数据的可视化呈现。

在智能工厂中，数字孪生技术的应用可实现从仿真建模到实时监控的升级。在这一过程中，应构建实时数据交互机制，为物理实体与虚拟模型的数据交互提供支持，充分保证虚拟模型能够在虚拟空间中精准映射实体设备的实时运行状态。

物联网是支撑数字孪生技术在智能工厂中的应用实现从仿真建模到实时监控的关键。从实际过程上来看，物理实体中装配有多种传感器设备，这些设备可以实时采集温度、压力、振动等设备参数，同时通过物联网将采集到的数据上传到云端数据中心，并驱动数字孪生系统根据实时数据动态修正模型参数，实现物理实体与虚拟空间的精准同步映射。

与此同时，还需构建智能数据处理体系，利用云计算等数据处理技术对海量异构数据进行实时清洗与特征提取，并充分发挥机器学习算法的作用，深度挖掘设备健康指标与工艺质量图谱，进一步掌握设备运行情况和生产质量等信息，在数据层面为产线智能决策和实时监控提供有效支撑。

除此之外，还需构建数据安全防护体系，在数据传输和数据存储环节实施加密算法与访问控制策略，确保数据全链路可信，防止出现敏感信息泄露和未授权篡改等数据安全问题。

数字孪生系统可通过实时监控模块实现对智能车间的动态感知与智能调控，从而在技术层面为企业实现对制造流程的精益化管控提供强有力的支持。

从设备监控的角度上来看，数字孪生系统具备多维感知功能，可实时采集设备的转速、温压、振动参数等相关数据，并在此基础上实现异常预警和预测维护。数字孪生系统具备实时阈值告警功能，当设备的某项参数超出预设的阈值时，系统可迅速发出警报，并触发即时运维响应，提醒相关工作人员及时解决问题；不仅如此，数字孪生系统还可以通过时序数据分析构建设备健康度预测模型，预测设备故障发生时间，进而实现预防性维护排程。以流程工业反应装置为例，数字孪生系统可实时监控反应釜的温度、压力等参数，进而为智能工厂实现安全、稳定的连续化生产提供保障。

从生产过程监控的角度上来看，数字孪生系统可实现产线全要素可视化，为管理者实时获取各项生产动态信息提供方便，同时也可实时识别工艺瓶颈与质量偏差，驱动制造流程闭环优化。以精密电子制造为例，数字孪生系统可实时监测焊点质量、元件贴装精度等指标，及时发现并处理生产过程中出现的各项质量问题，实现缺陷根因追溯与工艺参数自优化，保障产品良率。

从质量监控的角度上来看，数字孪生系统可构建产品质量全生命周期追溯体系，实时监控整个产品生产过程，采集产品的各项质量数据，并与数字孪生体的质量标准进行实时比对，以便及时发现和处理产品质量问题，提高产品生产质量。以精密机械加工为例，数字孪生系统可实时监控零件的各项质量指标，如加工精度、表面粗糙度等，及时检测出质量问题并驱动工艺参数自优化，进而提高零件质量。

3.1.4 大数据驱动状态预警技术

工业领域的自动化建设持续推进，自动化水平不断提升，不过生产过程中仍然有诸多不确定性因素难以被量化，有时甚至无法确认它们的存在，这给决策管理增添了许多困难和不便。对于这一问题，可利用大数据驱动状态预警技术加以解决，该技术可用于不确定因素的解析和量化，在此基础上估算设备状况等生产过程中的各项信息数据，确保生产过程的公开透明，以便于决策者实施管理调度，在掌握充分信息的前提下做出恰当合理的决策。

① 明确数据采集接口服务规范，使数据采集变得更加简便，支持更多的数据信息源，有效控制数据接入成本。借助前端网页表格采集参数，此处的表格应具有标准化特性，使用简单规则，并且表格的字段应支持自定义。数据采集模块负责对接多源数据，并统一数据的结构和所用通信接口，最后将数据传输至 UI（用户界面）层，完成数据展示，数据传输协议可选择 http 或 Websocket。

② 构建完善的预警机制，设置合理的预警指标。整理归纳传感器采集到的数据，借助关联模型、主成分特征模型等构建特征模型，并基于该模型构建以数据特征为参照的监测知识库。当监测到产线存在异常情况数据特征时，则发出预警信息。同时，特征模型会学习新的数据特征，通过持续更新保持其适用性。预警机制的具体运作方式如下：首先将设备或其他对象的历史数据导入特征模型，模型会基于数据通过自我学习开展特征分析，总结设备在正常运行状态下具备的特征，并构建与之对应的特征模型，而后结合特征模型与对象实时运行数据检测其异常特征。

按照以上方案建设的智能化车间投入运行后，工厂的多项数据指标都取得了显著进步，包括产线可视化率、产线故障率、故障识别和预警率、物料运转效率、设备停机率。因此，该方案对于制造企业的智能化建设具有一定的参考价值。

3.2
数字孪生车间的制造运营管理平台

3.2.1 制造运营管理平台的组成部分

数字孪生车间经常需要执行大规模、定制化的生产任务，为此需打造车间的制造运营管理平台，对生产制造活动实施更加有效的管理，促进车间要素间的协同，提升生产效率，保障产品质量。

制造运营管理平台依托数字孪生等技术，服务于车间的生产制造、仓储物流、设备管理等业务环节，拥有实时监测、未来预测、决策辅助等功能，可帮助企业提升制造资源的利用效率，制定更加完善的制造运营方案。

从架构上看，制造运营管理平台的组成部分包括物理空间、虚拟空间、数据域、模型域、能力域、业务应用，各部分的具体构成和相互关系如图 3-4 所示。

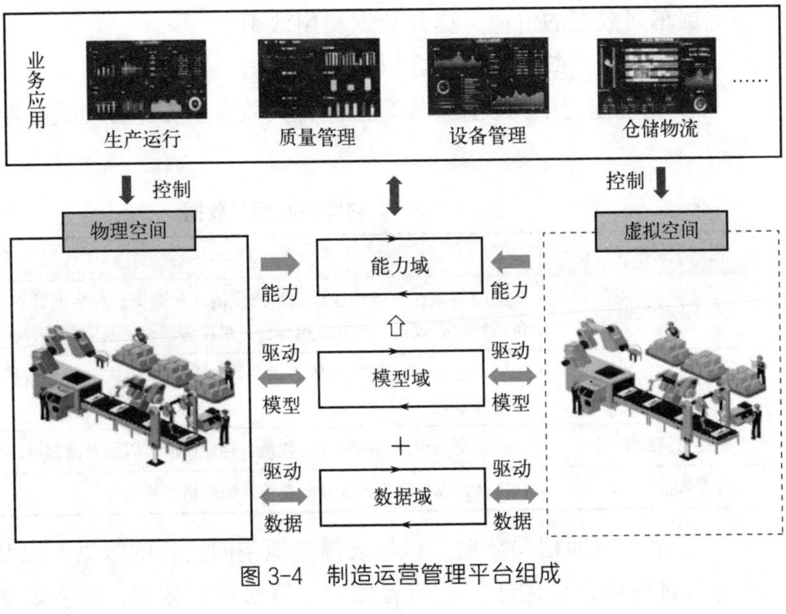

图 3-4　制造运营管理平台组成

(1) 物理空间

物理空间是生产制造活动的进行场所，为虚拟空间的运行提供依据和参照，在数字孪生车间制造管理运营中发挥基础性作用。物理空间由各类实体资源和生产要素组成，如人员、设备、物料、工艺、产品等。

在设备功能方面，传感设备负责采集物理空间的数据，计算设备用于数据的预处理。在工业嵌入式终端、工业物联网等技术和设施的支持下，用户需要完成物理实体向制造运营管理平台的接入，在物理实体资源要素间建立连通。

（2）虚拟空间

作为物理实体的镜像，虚拟空间可以与物理空间进行多维度的交互。

首先，虚拟空间是对物理空间的反映，可基于数字孪生技术实施对物理实体的模拟仿真，真实地呈现物理实体的架构、状态以及制造运营过程，此为“以虚映实”。

其次，利用数字孪生数据和模型展开仿真分析，虚拟空间可回溯物理实体的历史，并预测其未来状态，此为“以虚预实”。

再有，在能力域的协助下，虚拟空间可对物理空间中的生产制造过程实施控制调节，调整改进生产计划，优化工艺流程，从而提升生产效率和产品质量的稳定性，此为“以虚优实”。

（3）数据域

数据域通过不同领域的数据交互推进数字孪生车间的数据融合，以充分挖掘车间数据的价值，提升数据利用效率。

具体而言，数据域中包含以下三类数据。

① 物理空间相关数据。物理空间相关数据主要包含的数据类型如表 3-1 所示。

表 3-1　物理空间相关数据

物理空间相关数据	具体内容
实时生产数据	物理实体在生产作业过程中产生的实时数据，如生产计划执行数据、设备运行状态数据、能耗数据等；可借助传感设备获取此类数据
信息系统数据	与企业生产经营相关的各项基本信息，如供应链管理数据、财务数据、订单信息等
库存仓储数据	库存物料和产品的种类、数量、存储时间，以及仓储库存成本等
资源数据	物料、设备等生产要素的属性，如规格、质量等

② 虚拟空间相关数据。包括支撑虚拟空间运行的数据，以及在虚拟空间运行过程中产生的数据。前者如模型算法执行数据，后者如实时运行仿真数据、状态预测数据等。

③ 二者融合数据。即通过对物理空间数据和虚拟空间数据实施综合、关联、聚类等操作得到的衍生数据。这类数据可对物理实体与虚拟模型做统一描述，驱动物理空间和虚拟空间的同步运行，为生产制造过程分析和

优化提供支撑。

（4）模型域

模型域中包含数字孪生车间的各类模型（如表 3-2 所示），对虚拟空间运行起到支撑作用。

表 3-2　数字孪生车间模型

模型类型	具体内容
几何模型	描述物理实体的几何属性，如尺寸、位置、结构、装配关系等
机理模型	展现生产运行规则及理论原理，如材料退化机理、设备动力学原理等
工艺模型	还原生产制造所用工艺和相关的流程，具体类型有加工工艺模型、组件装配模型等
运行仿真模型	模拟车间系统的各种行为和运行过程，比如生产制造、生产优化、质量控制等

（5）能力域

能力域由数字孪生车间的各项制造运营管理能力组成，是制造运营管理业务的重要支撑。具体而言，能力域包含两类能力，如表 3-3 所示。

表 3-3　能力域的两类能力

两类能力	具体内容
产品能力	与产品和设施相关的能力，涉及开发设计、生产执行、运维等多个环节，具体的实现方式有报表设计工具、表单工作流工具、信息系统集成工具、运维工具等
业务能力	包括与软件和硬件固有功能相关的能力，以及基于数据和模型形成的动态能力，可实现历史回溯、实时决策分析、未来趋势预测等功能

（6）业务应用

数字孪生车间的制造运营管理最终要落实到业务应用上。业务应用需要制造运营管理平台各部分的共同参与，针对具体的制造运营场景和需求完成能力的构建，通过有效的运营管理实现业务运行优化。

业务应用的范围包括生产制造、设备管理、质量控制、仓储物流等数字孪生车间的各个业务领域，每个领域又包含多项具体的业务活动，如生产制造领域的生产计划执行、生产过程监控，设备管理领域的设备故障检测、设备健康管理，质量控制领域的产品质量检验、质量问题追溯，仓储物流领域的库存订单管理、物流规划等。以上各领域彼此融合交互，构成一个有机的整体，可提升数字孪生车间生产制造的运营管理能力，保障车间业务流程的安全高效运转。

3.2.2 制造运营管理平台的支撑技术

数字孪生车间制造运营管理平台以数字化技术为驱动，以生产制造优化为导向，能够帮助制造企业提升运营管理能力。具体而言，制造运营平台需要依靠以下技术的支撑，如图 3-5 所示。

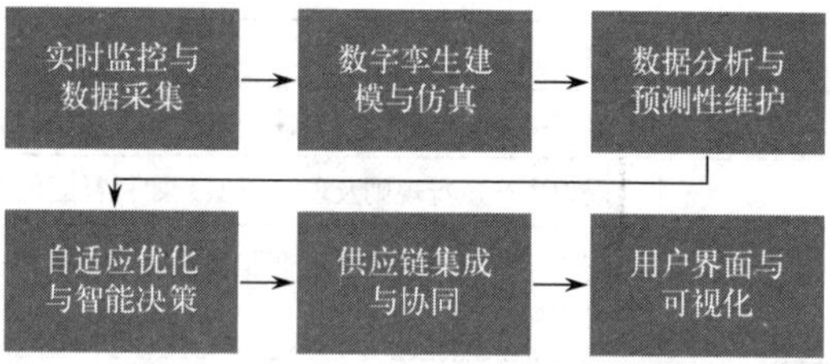

图 3-5 制造运营管理平台的支撑技术

（1）实时监控与数据采集

在工业物联网技术的支持下，制造运营管理平台借助传感器采集生产现场的实时数据，如温度、湿度等环境数据以及设备性能参数。同时，平台运用边缘计算技术处理数据，以提高数据传输速率，确保数据的实时性和准确性。凭借高质量数据的支持，企业得以提升自身的决策效率和决策水平，有效解决生产过程中的各类问题。

（2）数字孪生建模与仿真

制造运营管理平台借助三维建模技术、计算机辅助设计（CAD）等构建数字孪生模型，真实呈现车间制造系统的属性和架构。同时，平台可结合模型和物理仿真技术实现实时模拟，还原车间生产的各类场景，展示不同情境下制造系统的运行状态。数字孪生建模与仿真是制造企业数字化建设的重要组成部分，有助于提升企业的智能制造水平。

（3）数据分析与预测性维护

借助大数据分析技术，制造运营管理平台对车间实时生产数据进行深层次的处理分析，以识别生产过程中存在的问题和异常状况，并判断生产趋势。同时，借助机器学习算法，平台可进行故障预测，并采取预防性的维护措施，确保设备的健康稳定运行，保障车间生产的效率和安全性。

（4）自适应优化与智能决策

在人工智能技术的支持下，制造运营管理平台赋予车间制造运营管理系统以自我学习能力，使其能够根据场景需求自动进行流程的优化。同时，平台还可参照实时生产数据进行自适应控制，提高车间的柔性制造能力，根据生产场景的需求实时调节参数，以智能决策为驱动实现灵活高效生产。

（5）供应链集成与协同

制造运营管理平台将物联网技术引入供应链管理，促进供应链信息的透明化；以数字化技术为驱动实现供应链各环节的有效协同，从而提升供应链运行效率。完备高效的供应链是生产优化的重要支撑，能够帮助企业更加快速和精准地响应市场需求。

（6）用户界面与可视化

借助虚拟现实（VR）、增强现实（AR）和混合现实（MR）技术，制造运营管理平台打造可视化用户界面，用户可在此做出决策和操作。同时，平台还负责统计整理关键生产信息，并通过仪表盘直观地呈现给用户。凭借信息和操作的可视化，制造企业能够全面准确地掌握生产过程，提升决策的效率和水平，达到优化运营的目的。

3.2.3 制造运营管理平台的应用场景

在机械制造领域，机械加工车间为基本的生产单元。机械制造加工多为定制化生产，需用到多种物料和设备，生产过程具有连续性，对于生产效率和产品质量有着较高的要求。以上特性使得机械加工车间制造运营管理面临多方面的挑战，须通过有效的运营管理方案保证加工过程的稳定性。对此，数字孪生车间制造运营管理平台可提供较为完善的解决方案，在虚拟空间中建立车间生产要素和生产过程的数字孪生模型，基于虚实映射对机械加工车间实施全方位的高效管理。

具体来说，制造运营管理平台在机械加工车间的应用场景如图 3-6 所示。

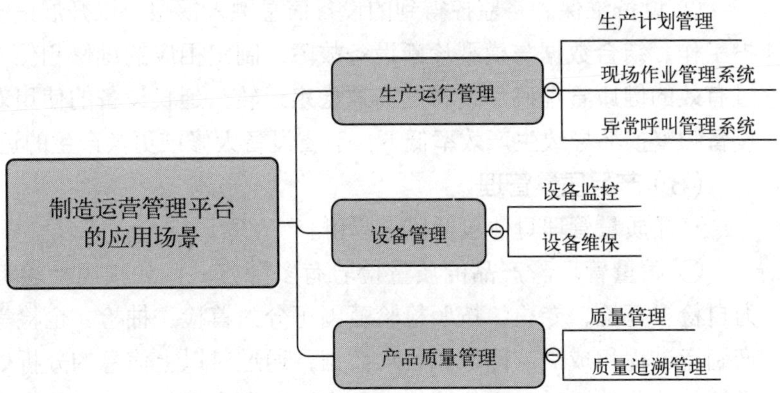

图 3-6　制造运营管理平台的应用场景

（1）生产运行管理

生产运行管理具体包括以下应用。

① 生产计划管理。在数字孪生车间的虚拟空间中进行预排产操作，借此实施车间生产计划的管理维护，以生产均衡和库存健康为目标制定最优生产计划。按照生产计划指导人员、设备、物料各生产要素的运转，同时注意启动生产前通过虚拟空间查看各要素的到位情况，确保生产计划能够得到正常执行。

② 现场作业管理系统。现场作业管理系统提供多种作业流程控制模式，如作业派工、工序流转等。用户可基于自身需求在虚拟空间中选择控制模式，确定合理的工序设计，从而实现有效的现场作业管理，提升生产制造的效率和灵活性。

③ 异常呼叫管理系统。异常呼叫管理系统通过虚拟空间监测生产过程，识别生产计划执行、设备运行、产品质量等各方面的异常状况，并自动发出预警。接收到异常呼叫管理系统发出的预警信息后，制造运营管理平台及时采取措施消除或降低异常情况的影响。针对潜在异常制定有效的控制和预防方案，如果遇到紧急、突发性的异常状况，则根据该方案迅速采取应急措施，保障人员和设备的安全。

（2）设备管理

设备管理具体包括以下应用。

① 设备监控。实时采集设备数据，在数字孪生车间的虚拟空间中呈现设备的运行状态，包括设备的各项参数指标，如利用率、稼动率等。管理人员可通过监控信息了解设备的实时状况，开展设备的故障预测和健康管理工作，确保设备的安全稳定运行。

② 设备维保。将监控得到的设备信息融入模型，以开展设备的维修保护工作。结合数据与模型诊断设备故障，制定相应的维修和保养方案，通过有效的健康管理确保设备的高效稳定运转，延长设备的使用寿命，避免设备频繁损坏导致生产效率低下，节省设备大修或更换产生的运营成本。

（3）产品质量管理

产品质量管理具体包括以下应用。

① 质量管理。产品的质量检验有多种方式，如按照检验者身份可分为自检、互检、专检，按照检验范围可分为首检、抽检、全检等。采集生产制造过程和成品的图像和各项数据，通过对以上信息的分析处理完成质量检验。此外，对于需复检的对象应实时发出相关的提示信息。检验完毕后，可运用图片或文字的形式提交质检结果。从虚拟空间获取到质量检验信息后，质量管理人员对信息进行统计分析，明确质量管理工作的重点，采取针对性的质量控制措施，以提升产品的整体质量。

② 质量追溯管理。依托数字孪生车间的虚拟空间，开展车间生产全要素全流程的质量追溯管理工作。准确识别存在于原材料、成品等各种要素形态的质量问题，并确定造成问题的具体环节，从而更好地保障生产质量，避免质量不达标造成的资源浪费和成本上升问题。

3.2.4 跨组织制造协同运营管理策略

数模融合在技术层面给予制造运营管理以技术支持，而协同运营管理理论可作为制造运营的策略支撑。服务于生产管控需求，制造运营管理平台在数据和组织模型的驱动下建立协同运营体系，连通全流程的资源要素，以促进组织和企业层面的业务协同。

在制造运营管理中，敏捷的组织架构能力起到关键作用。人员、资金、信息、能力等具有动态特征的资源要素呈现为分布式结构，运营管理策略以任务为导向确立柔性组织模式，加强跨组织合作，淡化不同组织间的界限，增强组织运行的灵活性和协同性。面对外部条件变化时，敏捷组织架构能够做出更加迅速的响应，组织柔性化是实现跨组织全流程管理的重要条件。

运营管理策略以生产制造计划和企业发展战略为指引，形成自我管理思维，着眼于业务流程中的关键环节，基于业务流程整合培养场景自适应能力，从组织内部和跨组织的层面实现对业务流程的科学有效管理。确立统一标准是协同运营的关键，在一致性标准的引导下，促进组织和企业在数据、业务等领域的交互协作，以提升各层级的决策水平，形成规范化的管理流程，构建更加高效完备的运营管理体系。统一标准的积极意义还在于提供确定性的认知基座，以增强组织和企业应对复杂问题的能力。

此外，用户应充分发挥数据在制造运营管理中的作用，在人工智能、大数据、物联网等技术的支持下深入挖掘数据价值，从数据中提取有价值的信息，以深化对市场和用户群体的认知，准确把握市场趋势和用户取向，据此形成完善的制造运营策略，做出合理的制造运营决策。

在数字孪生技术的驱动下运营管理体系追踪三维物理状态，针对异常事件制定贯穿全流程的应对方案，确保问题得到妥善解决。在事件发生前做出准确预测，采取合理的预防措施；在事件进行的过程中通过映射实时监控事态进展，进行有效的事中处理；在事件结束后复现事件的整个过程，开展事后的追溯分析工作。而后，根据对异常事件的处理和分析结果，开展针对性的能力强化。

同时，运营管理体系实时监控物理空间和信息空间，识别异常状况并开展分析评估，探究造成问题的原因，制定针对性的调整和优化策略。同时，在车间的日常生产运行过程中也需开展常规性的维护工作。通过有效的运维管理，确保车间生产的高效稳定运行。

基于制造运营管理平台的智能管控在协同运营管理中扮演重要角色。智能管控的具体内容有打造生产线柔性化、仓储物流智能化、实时质量检测等。同时，智能管控需要组织间建立有效协作，形成联合决策模式，在生产制造、供应链等环节取得良好的管控效果。制造协同运营管理策略基于车间要素资源的集成提升协同运营能力，并将协同运营从车间生产层面延伸至产业链和社会资源层面。

3.3 电子装备车间的智能管控平台建设

3.3.1 电子装备车间的架构设计

近年来，电子装备车间的复杂性和制造过程的不确定性日渐增加，导致制造车间管控难度增加。随着各项先进技术的应用，电子装备车间的信息化和自动化水平大幅提高，但设备仪器种类繁多、工艺路线串并行共存等问题也影响着车间生产。为了提升电子装备生产的质量和效率，电子装备行业还需进一步加强车间管控，推动车间管控走向精细化和智能化。

数字孪生车间集成了互相映射的数字空间和物理空间，能够将物理空间中的车间、设备、设施、物流等同步映射到数字空间中，并在数字空间中完成分析、仿真、运算等任务，进一步优化车间反馈控制，从而提高整个制造过程的有序性、可控性和透明化程度，为电子装备制造车间管控提供方便。

在电子装备制造车间中，业务网和工控网之间存在物理层面的隔离，导致难以快速传递各项车间数据。在构建车间数字孪生系统的过程中，工业企业需要打通数据传输通道，以通信策略为基础搭建电子装备车间数字孪生架构。具体来说，基于通信策略的电子装备车间数字孪生架构如图 3-7 所示。

该架构可按 ISA-95 标准划分为管理层、执行层、控制层和设备层四部分，其中:

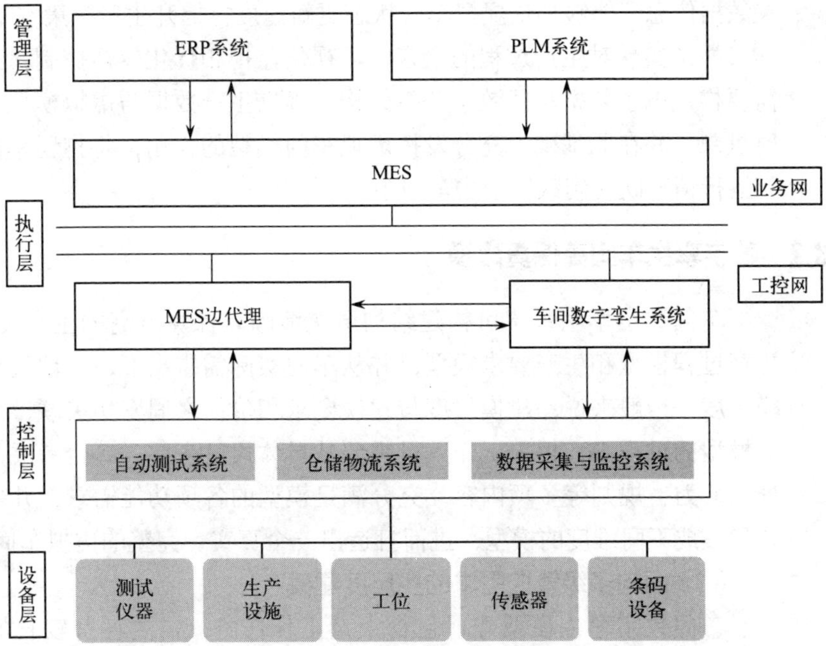

图 3-7　基于通信策略的电子装备车间数字孪生架构

- 管理层由企业资源计划（ERP）系统和产品生命周期管理（PLM）系统两部分构成，主要负责车间的经营管理；
- 执行层主要由车间数字孪生系统和制造执行系统（MES）构成，主要负责车间生产管理和生产任务执行；
- 控制层由自动测试系统、仓储物流系统、数据采集与监控系统等多个部分构成，可以连接起数字空间和物理空间；
- 设备层主要包含测试仪器、工位、生产设施、传感器、条码设备等，是完成各项车间生产任务的关键。

电子装备车间可以利用通信策略技术打通业务网与工控网之间的数据壁垒，在业务网和工控网之间传输各项车间数据，也可以通过在工控网中构建 MES 边代理的方式将物理车间的状态实时映射到数字孪生车间当中。

MES 边代理可直接面向工控网处理各项作业任务，也可镜像处理业务网中的各项管理数据信息，如计划、质量、物料、设备、人员等，进而实现对生产过程的车间级管控。除此之外，MES 边代理还可以获取各项生产执行数据，如进度、质量等，并利用通信策略将这些数据信息反馈给 MES，在数据层面为实现工厂级生产决策提供支持。在数字孪生系统中融合下位机系统中的状态和控制数据、管理数据、传感器采集数据等各项相关数据信息，能够加快虚拟车间状态更新速度，提升生产决策水平。

为了实现对生产过程的全方位可视化监控和优化反馈控制，工业企业需要构建电子装备车间数字孪生架构，确立生产数据与虚拟模型的关联映射机制，并在此基础上充分发挥虚拟车间模型的作用，将物理车间的工作和运行情况映射到数字孪生车间中。

3.3.2 数字孪生车间高保真建模

车间数字孪生系统可构建结构层次清晰且保真度高的生产设备模型、生产过程模型和生产要求模型，并从车间实际需求出发，合理规划车间建模尺度。一般来说，建模尺度与建模要求和价值之间密切关联，在构建车间模型的过程中，相关工作人员需要从具体尺度入手，综合考虑几何、物理、行为、规则等多项内容，充分满足模型的各项功能需求，并关联、组合和集成不同维度的模型，进而打造出一个真实、完整的虚拟车间模型。

（1）面向多级管控需求的多尺度建模

车间数字孪生模型建模包含大量工作任务，需要耗费较长的工作时间。为此，工业企业需要构建可满足管控需求的数字孪生模型，提高产生价值的速度。一般来说，车间管控可划分出多个层次，如车间整体运行态势、工位运行情况、生产资源运行情况等。由此可见，电子装备车间的数字空间也可据此划分为车间、工位和资源三个尺度层级，其中，车间包含工位，工位又包含资源，且三个层级分别对应着不同等级的制造实体。

一般来说，若模型的尺度不一致，那么建模的要点也存在差别。

① 车间尺度。在构建车间尺度的模型时，应重视车间物流、任务调度、生产态势和生产环境等内容，以便整体映射车间信息，也可以充分发挥车间孪生模型的作用，监控和分析车间环境，优化车间物流路线和生产任务排程，监控车间生产态势。

② 工位尺度。工位是车间中最小的生产任务执行单元，工业企业需要统一管理工位能力、工位状态、输入输出和所用资源。

③ 资源尺度。资源尺度主要涉及设备、仪器、产品、工装夹具等资源，工业企业需要根据各项基本生产资源构建相应的模型，并管理资源状态。

在从不同尺度建模的同时加强各层之间的联系，将物理生产过程映射到数字模型中，从而充分发挥算法的驱动作用，实现交互和仿真。

（2）面向多类应用需求的多维度建模

对构建车间数字孪生体来说，从单一维度描述车间的某一项属性的建模方法并不完备，无法全方位体现出物理车间的所有必要属性。为了确保车间建模的保真度，工业企业在建模时需要综合考虑物理车间的几何形状、物理属性、行为响应和规律规则等多项内容，并以真实的方式描述物理车间。

几何建模包含建模对象的三维模型和零部件装配结构关系；物理建模涉及建模对象的速度、温度、湿度、工作范围和能源消耗等多项内容；行为模型涉及建模对象的工艺行为、与智能制造空间其他模型的竞争、协作行为模型和故障行为等内容；规则模型涉及与车间运行相关的推理模型、关联模型、决策模型和与生产过程相关的约束条件模型，以及可以在生产过程中即时响应各项符合规则的状态和事件。具体来说，工业企业可以利用测试项目匹配规则确定生产排程，利用温度、湿度阈值约束来检测车间的温度和湿度，并在超出设定标准时发出报警信号。

多维度建模的数字孪生模型大多具有动态化的特点，能够在生命周期过程中动态更新模型集内的模型数量、参数和规则，不断提高模型完善程度，充分满足不同应用的需求。

3.3.3 车间多源数据采集与融合

数据采集和融合可以支撑工业企业构建精确的虚拟模型，实现实时状态监测与模拟，优化决策与协同，推动车间实现数字化转型和“以虚映实”。从实际操作上来看，工业企业可以在数据采集的基础上预处理多源制造信息关系，融合对象级、时空级数据，并在保证数据服务的统一性后对外发布。

多源异构数据融合的过程可分为以下两步。

（1）基于本体的对象级融合

工业企业可以充分发挥数据本体建模方法的作用，按照对象针对车间中的物料、工位、仪器设备等要素构建虚拟模型，融合信息系统和物理车间所采集的各项数据。对象级融合可以在一定程度上保证信息系统和物理车间对要素描述的一致性，具体来说，基于本体的对象级融合如图 3-8 所示。在对具体设备构建虚拟模型时，需要借助本体连接数字模型的虚拟编码和物理空间的序列号，以便支撑物理空间与数字空间之间相互映射。

（2）基于时序对准的时空数据融合

时空数据模型中包含时间要素和空间要素，可以记录历史变化，并根据电子装备车间数据采集的特点和数据形式，生成以栅格为基础的离散格网单元列表模型。对工业企业来说，可以通过提取对应时刻格网单元列表元素的方式获取模型某一时刻的状态信息。时空数据模型反映了二维空间随着时间变化不断演变的过程，具体来说，电子装备车间的时空模型如图3-9所示，所有空间实体的演变过程均处于时空模型当中，工业企业可以借助模型截面获取时间轴中的纪实数据。

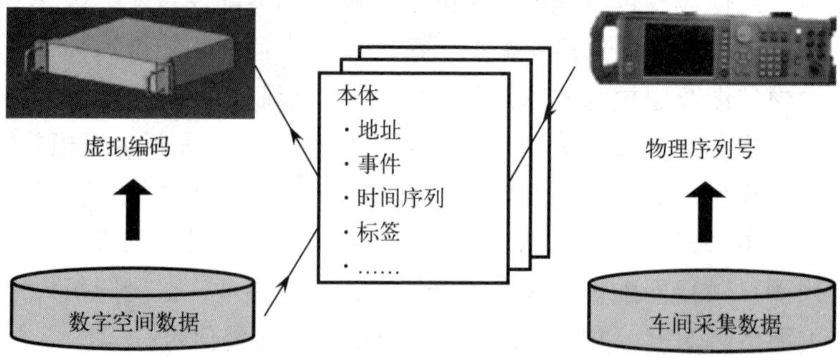

图 3-8　基于本体的对象级融合

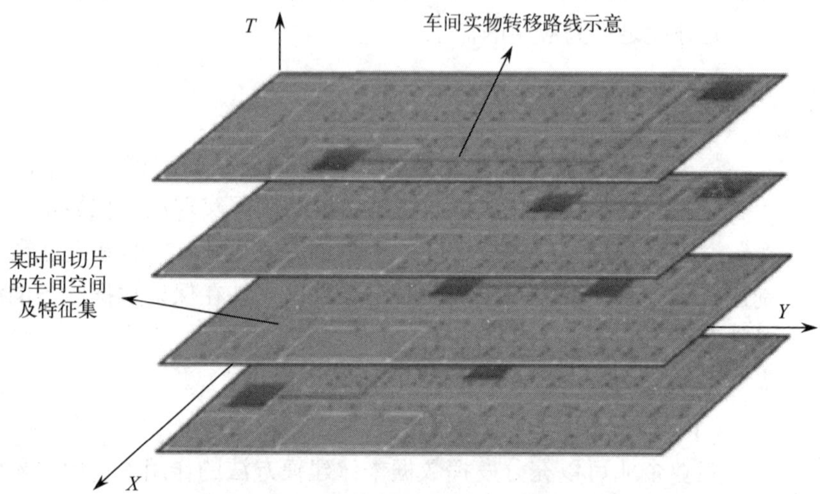

图 3-9　电子装备车间的时空模型

电子装备车间时空模型描述了物理车间中时空实体组成要素的信息范畴，明确了各项组成要素之间的关系，是工业企业融合和分析各项车间时空数据的基础，同时也表现出了在时间推进过程中物理车间空间对象和特征对象的变化情况。

以车间数字孪生系统为基础，车间的智能管控平台融合物理车间和信息系统的各项数据信息，并借助孪生模型或图表来展示这些数据信息，进而在数据层面为车间的决策优化提供支持，从计划、质量、设备、人员、环境等多个方面提升决策水平。

3.3.4 数字孪生车间的综合管控

（1）数据驱动的车间智能监控

在数字孪生车间中，数字孪生模型以可视化的形式从多个尺度、多个维度展示车间的实时运行情况。从车间尺度来看，可以通过数字孪生模型综合监控整个车间的生产任务状态、质量状态、温度、湿度、仪器利用情况、人员情况和物料齐套情况，当状态数据超出规则模型中所设定的阈值时，则会触发报警系统，并以警示框、蜂鸣等形式发出告警信号；从工位尺度来看，可以通过数字孪生模型综合监控工位的任务进展完成度、运行情况和物料齐套情况；从资源尺度来看，可以通过数字孪生模型综合监控仪器、设施、产品和人员等资源的状态。

（2）基于融合数据的车间综合运行态势分析

基于融合数据的车间综合运行态势分析有助于提升车间效益，加强车间管理，推动车间持续优化。一般来说，工业企业大多采用模糊层次分析法等方法分析车间的功能、结构和环境，同时从实际目的出发评价车间综合运行态势，按照逻辑层次确定车间数据分析指标，构建车间运行态势指标体系，并在此基础上集成和管理不同层面的运行状态指标计算公式，构建相应的算法库，综合分析各项相关历史数据和实时数据。参照分析结果，智能管控平台可展开指标运算，通过实时数据流更新指标计算，并根据评判分数进一步掌握车间运行情况，以可视化的方式实时展示各项相关指标，分析车间实时运行态势，从而为不断优化车间提供强有力的支持。

（3）基于孪生数据的重调度

电子装备车间在生产方面具有定制化、多品种、小批量等特点，生产过程易受干扰，可能会出现上游物料未齐、设备资源不足、设备故障等问题，进而影响生产计划和生产进度。

为了解决这一问题，基于孪生数据的重调度应运而生。该方法可基于MES 排程计划实时监测物理车间，获取各项扰动信息，并据此优化调整当前的排程计划，从而在一定程度上降低扰动对生产的影响。

基于孪生数据的重调度方法以遗传算法为基础，以车间当前的排程计划为初始种群，通过设定目标函数优化当天生产任务的完成时间；以最快完成当日生产任务为目标函数，通过选择、交叉、变异、子序列变异及染色体修正等操作，生成新的排程计划，在确保计划稳定性的同时避免大幅度调整，从而减少扰动的影响；将排程计划转化为车间的具体作业计划，并在车间管理人员确认后，将其传送至 MES 边代理，进行派工和物料配送，从而减少人员换岗和物料转运的次数，达到提升整体生产效率和资源利用率的效果。

就目前来看，工业企业可以将以上各项方法应用到电子装备车间中，并在完成验证的基础上，进一步构建包含车间数字孪生软件系统、车间可视化展示系统、交互控制平台及现有信息系统、物理车间等多个组成部分的车间数字孪生系统。

基于数字孪生技术构建的智能制造管理体系，建立了物理车间与数字车间的数字化映射，打造了多层级智能监控分析架构，并通过虚实映射打通各层级数据，构建了车间级、工位级、要素级的多层次协同监控分析体系，建立了三维可视化呈现机制，以可视化的方式呈现车间现场工况，让工业企业可以通过数据看板、实时预警弹窗、全要素三维可视化界面等工具了解车间、工位、设备和产品的生产信息。与此同时，也可以基于多源数据融合分析引擎提高决策的智能化程度，打造智能制造优化系统，实现数据分析、实时预警、生产评价和重调度，进一步提升生产效率和资源利用率。

数字孪生技术的应用有助于构建虚实双向闭环的智能决策体系，促进数字孪生车间与物理车间互相融合，让工业企业可以在数字空间中完成分析、学习、决策等工作，并在物理车间中精准执行各项操作，进而实现更高水平的智能制造。在安全隔离网络架构下，通过层次化建模的方式构建多尺度、多维度、多层次的孪生体系，可以推动不同层级的数据互相融合，并借此进一步实现生产异常诊断、资源效能评估和动态调度优化，打造智能化的决策闭环。未来，数字孪生将会向高保真虚拟仿真技术的方向发展，其在智能车间中的应用也将日渐深入。

第 4 章

产线级数字孪生

4.1
基于数字孪生的智能生产系统

4.1.1 生产系统规划与设计

在制造业中，产品要经历从研发设计到回收报废的生命阶段。对于生产制造系统而言，也同样如此，要经历从设计到拆除的过程。在这一过程中，既要保证工艺流程的规范性，同时也要综合考虑厂房布局、资金投入、交付周期等多种约束条件。

数字孪生技术作为一种创新管理工具，在该场景下发挥着重要的作用。通过在数字空间构建与物理工厂同步映射的模型，管理者能够提前通过场景模拟完成方案测试，确定最优建设方案，同时能够实时监控生产系统的状态，不断调整生产节奏，以实现生产的提质增效。

数字孪生技术在智能化生产体系构建中的首要应用价值，在于能够解决产品设计与生产布局协同困难的问题。在企业生产过程中，生产系统设计与产品工艺设计二者相互影响、彼此制约，工艺方案的制定需要考虑生产线的实际能力，而生产线规划又需要以工艺方案中的相关要求为导向。传统的生产系统建设往往遵循“先定工艺，后定产线”的逻辑，但产品工艺迭代可能会牵动生产系统设计方案的变化，且两者的变化存在一定错位，因此需要耗费更多的成本予以调整或被迫采用折中工艺，导致最终落地结果难以满足规划期待。数字孪生技术的应用，实现了数字空间内生产系统设计与生产工艺的反复模拟推演，通过二者的动态调整能够测试出最佳建设方案。

数字化工厂也可以实现工厂设计与产品工艺方案的彼此协同，一方面通过构建工厂虚拟模型验证产品工艺的可落地性，另一方面则通过产品建模及其工艺流程模拟优化工厂设计方案，并预留日后工艺升级可能设计的改造接口。而且，数字孪生技术的应用，能够在数字工厂的基础上引入实时数据流，进一步保证数字工厂模型与实际生产流程的同步性，从而提高数字化工厂生产系统管理的精细化程度，具体表现在以下方面。

（1）布局规划

相较于传统依赖图纸二维化表达或静态模型演示的布局规划方法，以数字孪生为基础的生产布局规划主要优势如表 4-1 所示。

表 4-1　数字孪生在生产布局规划中的应用优势

序号	应用优势
1	车间数字孪生设计模型能够导入机械、自动化、生产要素等高颗粒度的多维数据信息，并能够通过与产品设计数据的实时互联实现产品全生命周期管理
2	智能模型库，通过参数化的模块设置提高车间规划效率
3	与实际车间保持动态同步，减少维护与重构成本
4	集成多种仿真技术，为车间的升级验证提供良好的试验条件

(2) 工艺规划和生产过程仿真

工厂数字孪生模型在运行过程中能够不断进行知识沉淀，其储存的大量数据和模型能够用于工艺方案测试平台的搭建，从而提高产线设计的整体效率。工厂数字孪生模型的主要构成如表 4-2 所示。

表 4-2　工厂数字孪生模型的主要构成

主要构成	具体内容
制造过程模型	通过模型和标注实现产品生产流程的可视化呈现
生产设施模型	基于数据流交互生成产线和装配线的多维数字化模型
生产设施自动化模型	可视化呈现监控与数据采集系统（SCADA）、可编程逻辑控制器（PLC）和人机交互界面（HMI）等自动化系统对产品生产系统的支撑

工艺迭代升级是提高工厂生产力、提升企业竞争能力的重要途径。数字孪生技术通过构建生产系统的虚拟镜像，实现了制造全流程的模拟验证与持续优化。利用数字孪生模型，企业能够在数字空间内构建动态映射产品全链条生产过程的虚拟产线，以低成本、短周期的线上验证代替传统的实体验证，更加高效地排查出制造过程中的潜在问题，给出生产资源配置、生产工艺优化、自动化产线运行模式革新等方面的合理建议。

过程仿真等技术能够实现对制造全流程的精细化仿真，为实现多维度的生产过程虚拟验证提供支撑，具体包括机器人运动仿真与编程、人机协作安全性分析以及装配过程的可视化模拟等。通过集成虚拟现实（VR）、增强现实（AR）与混合现实（MR）技术，数字孪生模型能够综合实体测试与虚拟仿真分析的优点，提高参数调试的精细化程度，使整个分析验证过程更具可操作性。

(3) 物流优化

在企业的生产过程中，物流决定着原材料对产线需求的响应能力，从而影响着企业的生产效率和运行效能。因此，生产物流的优化设计是智能制造体系构建的一项重要内容。从场景角度划分，生产物流规划包括厂内物料流转（内部物流）和供应链协同运输体系（外部物流）。传统基于历史数据的静态规划方法，物流响应相对滞后，难以与实际生产线的状态变化保持一致，导致规划结果与物理世界的实际生产需要不匹配，常出现跨车间物料配送延迟等问题，无法实现物流资源的最优配置，落地价值较低。

数字孪生生产系统正在重塑传统的物流管理模式，能够通过构建线上实时物流需求响应网络为产线提供最优物流和配送方案，保证配送效率。系统在实时数据流的交互下构建虚实结合的物流闭环，融合智能物流规划模型与实际生产状态监控信息，确保物流规划和配送决策的精准、及时，并通过增强现实等技术为配送人员提供沉浸式的配送指导。

通过构建工厂及供应链的数字化映射网络，制造企业能够实现整个物流体系的动态优化。例如通过高精度的虚拟镜像系统多次验证得出仓储布局和物流设施配置的最优方案、确定车辆和人员利用率最高的物流路线、实现物流节拍与生产节拍的动态一致等。此外，数字孪生体还具备一定的自我迭代能力，能够通过与物理生产系统的数据交互动态优化自身的运作模式，确保虚拟模型优化方案具有可落地性与操作价值。

4.1.2 三维可视化实时监控

制造运行管理（manufacturing operation management，MOM）即通过动态协调人、机、料、能等生产要素，实现从原材料到成品的价值转化过程。相较于传统制造执行，MOM 的覆盖内容更加丰富，具备了制造资源可视化管理和智能化调度的能力。从具体管理内容来看，MOM 既包含设备状态监控、工艺参数优化等硬性指标，也涉及调度、产能、产品定义、历史信息和生产装置信息管理等软性维度。

设备运行状态和生产过程监控是实现智能化生产调度、提高产线柔性生产能力的关键。基于数字孪生构建的三维可视化车间，应用了虚拟现实（VR）、增强现实（AR）与混合现实（MR）技术，对产线状态的呈现更加直观多维，极大地提高了生产管理者对生产过程的感知深度和信息获取精细度。同时，通过数字孪生模型与实时数据流的交互，能够实现设备、人员、质量等要素的全息映射，从而为管理者提供沉浸式的交互环境，提升车间与设备管理效能，有效解决了传统数字化空间依赖电子看板、手持终端等二维化信息表达设备，以及信息呈现完整度与丰富度受限、难以描述生产动态信息的问题。

从应用效果上来看，可以将可视化实时监控理解为具有信息立体呈现能力的组态软件，但相较于一般意义上的组态软件，可视化实时软件具有更强的场景覆盖能力、数据价值挖掘能力和多端链接能力。

从应用场景来看，可视化实时监控系统在流程行业和离散制造行业都有很高的应用价值；从数据处理能力来看，其在实时呈现传感器数据的基础上发展出了深度的数据处理、推理分析与规律总结能力，能够辅助生产管理者获取更多的深层信息；从终端链接能力来看，智能监控系统在 5G 等通信技术的加持下，能够兼容更多的终端设备，除了计算机和大屏幕监控，还能在手机、平板电脑等常用终端上展示生产状态监控信息。

4.1.3 智能生产调度与装配

在传统生产模式下，生产计划的制定与调整高度依赖人工经验判断。由于缺乏实时数据采集与分析系统，车间往往难以动态追踪设备运行状态、物料流转进度等关键信息，同时人工管理常常因为受各种因素的影响而判断失误，从而使得时间与要素成本增加。在此种响应机制下，生产异常（如订单优先级变更、设备突发故障）难以及时传导至计划制定环节，常出现资源调配决策与实际情况脱节的情况，最终引发产线平衡率下降、在制品积压等问题。

数字孪生通过构建覆盖全生产流程、全生产要素的决策模型，实现了从计划层到执行层的动态优化，使生产决策灵敏性更强、灵活性更高、落地性更强。以下是对数字孪生驱动下的生产调度的介绍。

① 初始生产计划制定，以车间的人员、物料、能源、设备的使用情况为依据，融合相关信息与生产调度模型，形成初步的生产计划并同步至虚拟车间，用于仿真验证。

② 生产计划的调整优化，虚拟车间搭建数字仿真测试环境并执行仿真测试行动，通过在仿真测试过程中引入干扰因素提高生产计划的场景适应能力和执行稳定性。融合生产调度模型、生产数据信息，在智能算法的辅助下执行验证—迭代循环操作，生成最优生产计划并同步至生产车间。

③ 生产过程的实时优化，在生产过程中进行实际生产数据与模型输出数据的实时对比验证，若验证结果呈现出明显的离散性，则融合历史数据、实时数据以及相关算法模型进行归因分析和问题定位，实现生产计划的实时调整。

在技术发展的推动与市场需求的刺激下，精密化、多功能集成成为产品设计的新方向，这要求生产装配过程中的工艺参数控制具有更高的精度、更灵敏的响应速度。同时，需求多样化、小批量特殊工艺订单的增加，正促使企业进一步提升自身生产的柔性化程度。频繁切换的工艺规格，也让装配人员不得不耗费大量的时间用于制造过程开始前的装配知识学习，这在一定程度上限制了生产效率。数字孪生技术通过构建产品全维度数字镜像，能够为操作人员提供实时交互式的工艺指导，以实现不同产品订单制造活动之间的快速衔接。

数字孪生技术通过构建产品与制造的全流程数字化管理链，为复杂生产任务提供智能化支持。一方面，基于数字孪生技术的工艺指导体系，能够将静态、抽象的生产知识转化为动态可交互的立体需求模型和装配指导动画，帮助操作工人提高操作效率；另一方面，通过构建制造装备的实时动态映射模型，能够实现低成本的生产方案验证和已有产品历史生产知识的迁移复用，从而为生产参数的优化调试提供支撑，促进新工艺的迭代升级。此外，产线的实时数据反馈系统支持生产、装配结果的即时检验，形成“生产—检测—优化”的闭环质量控制链。

产品数字孪生体能够模拟真实产线运维的全过程，从而支持多种仿真模拟测试。该过程中产生的运维数据能够指导生产过程中的参数调试，以支撑产品加工工艺的升级，优化产品生产全流程效率。

4.1.4 设备管理与安全防护

数字孪生技术通过构建物理设备的动态虚拟模型，实现设备状态的实时监测与智能分析，通过融合多传感器数据，配合智能算法实现设备运行健康的实时评估，识别出设备运行过程中存在的异常；基于数字孪生技术的故障预测与健康管理系统，以设备的全生命周期数据为驱动，既支持故障趋势的早期预警，又能够预测关键部件的剩余使用寿命，变传统的被动响应维护为主动预防运维。

同时，通过融合虚拟设备模型与历史运行数据，数字孪生技术能够完成已有设备故障的多次模拟，从而实现精准的故障原因追溯，提高后期运维工作的精准性。此外，数字孪生应用场景为设备的远程运维与线上调试创造了条件，当设备发生故障时，专家可根据设备的历史运行档案了解故障演化情况，利用虚拟数字模型进行调试方案验证，通过相关参数的调整即可完成设备维修，从而提高了设备故障的诊断效率，避免了异常停机造成的生产损失。

在“双碳”目标的驱动下，绿色化、低碳化成为制造业未来转型发展的重要技术方向。在数字孪生技术的支撑下，企业正构建起精细化的能耗管理体系。

该系统通过部署覆盖工厂全域的能耗感知网络，能够实时获取设备运行数据与工艺参数，借助智能化算法抽象出二者间的作用规律，构建高精度能耗监控预测模型，为生产过程中的参数优化提供支撑。一则通过能耗模型动态验证各种生产方案，评估不同方案的碳排量，筛选出生态成本最低的生产计划；二则在模型的指导下实现精细化的生产过程能耗控制，动态调整生产节奏，优化生产过程中的碳排放量，推动能耗管理从传统的粗放型管理模式转向“监测—分析—优化”的闭环管理模式，赋予企业生产全生命周期碳排放的自我优化能力。

复杂机电产品生产车间具有工位布局复杂、工艺流程多元、生产区域面积大、吞吐量大等特点，尽管各类智能化设施与自动化设备的参与极大地提高了智能车间的内部管理能力，但具有唯一性、主观能动性的人作为关键核心要素仍然是车间运行管理过程中的重要参与者，在实现车间灵活管理、协调各类产线生产矛盾等方面发挥着重要作用。为了保证车间生产安全、提高车间对意外突发情况的响应能力，需要构建人员行为识别体系，将人员行为数据作为智能化管理系统决策的重要信息支撑。

借助数字孪生技术，能够实现车间内人员和机器的深度协同，实现车间乃至智能工厂环境下的人机共融，构建多要素交互框架下的human-cyber-physical systems（人－信息－物理系统，HCPS）。不同于传统的车间人员分析依赖固定装配的摄像机与人工监控，仅能实现原始人员行为信息的采集；在计算机视觉、深度学习等智能算法的推动下，系统对车间人员的行为感知深度进一步提高。系统可以解析人员行为、推测行为意图，并将相关信息同步至生产控制模型，使将人员主观活动要素纳入智能生产决策指标体系成为可能，这有利于进一步发挥出人＋机器＋数据的组合效应，提高车间的智能化程度。

基于数字孪生技术的智能化生产制造系统已经在多个行业实现了应用，在设备调试方面展现出巨大的发展潜力。通过集成多元传感器、深度学习算法、实时数据采集等技术，系统能够构建生产线三维数字镜像，支持全生产链的验证与调试，辅助生产建设人员在实际设备部署前完成多轮流程验证，避免设备安装不合理导致的返工问题。

以西门子公司的智能调试系统为例，系统同步汇聚实体传感器采集的温度、振动、电磁场等多维物理信息，与数字孪生模型中的多维仿真数据进行实时对比，借助云端工业物联网平台进行数据融合分析，实现设备健康状态实时诊断和动态能效评估，形成虚实结合的动态运维决策体系。

此外，中国烟草、海尔、美的等知名企业在产线建设过程中均开始引入数字孪生技术，用于工厂远程管理与运维、生产状态实时监控和跨区域多厂协同生产，取得了良好的应用效果。

4.2 自动化生产线可视化模型构建

4.2.1 产线可视化模型构成

近年来，数字孪生技术在工业领域的应用越来越广，智能制造、航空航天、智慧医疗、城市规划与管理等多个行业开始借助数字孪生技术推动转型升级进程。在智能制造业，数字孪生技术的应用可以实现可视化监测、故障诊断、故障预测等功能，为制造业企业提供更多高级服务。可视化模型是数字孪生技术的重要应用之一，能够准确模拟物理世界中的各种系统和过程，为制造业企业进一步优化生产线和提高控制精度提供支持。

物料分拣装置包含多个组成部分，能够自动分拣不同颜色的物料。从分拣流程上来看，在出料环节，物料检测传感器会先检测物料，推料气缸将物料推出，然后颜色传感器会识别物料颜色，皮带电机会将物料运送至滑道处，旋转气缸会根据物料的颜色将其分到相应的滑道中。

自动化产线数字孪生系统的可视化模型融合了多种模型，如三维模型、数据模型、行为逻辑模型等，且与物理实体相连，可由物理实体驱动，也可以展示孪生端模型，还可以传输各项相关数据信息。

工业企业可以借助 SolidWorks 根据物理实体构建相应的虚拟三维模型，通过该模型以数字化的方式呈现物理空间中的物体和设备，并保证其与物理实体的属性和特征完全一致；与此同时，也可以在 Unity 中构建数字孪生行为逻辑模型，保证虚拟模型与物理实体在具体行为和逻辑关系方面没有差别；还可以构建数据模型，并利用该模型采集和传输各项多源异构数据，不断优化和完善数据连接的各个环节，以实现虚拟模型与物理实体高效、准确的数据连接和交互，进而在此基础上构建可视化模型。

4.2.2 行为逻辑模型的构建

在构建行为逻辑模型之前，需要先根据物理实体构建孪生三维模型，并确保该模型与物理实体在尺寸、位置、形状等方面完全一致。在构建物料分拣装置三维模型的过程中，需要先判断该装置的各项执行设备与外部物理实体之间有无数据交换以及在仿真环境中有无执行动作，并梳理清楚详细建模设备与非详细建模设备之间的区别。

具体来说，详细建模设备是孪生模型的主要组成部分，可以构建出孪生模型执行各项动作所需的细节模型，通常包含推片、物料、传送带、电机、气动设备等设备；非详细建模设备可反映分拣装置的外形和状态，通常包含传感器、物料桶、物料滑道、控制台、防止物料掉落的保护装置等设备。工业企业可以充分利用 SolidWorks 软件，按照 1∶1 的比例根据实物设备构建 3D 孪生模型。

在构建三维模型的过程中，为了保证模型与物理实体在尺寸上的一致性，工业企业需要充分考虑各项软件之间的兼容性问题，适当调整导入模型的缩放比例。从实际操作上来看，工业企业需要先以 .step 格式保存已完成装配的模型，再将模型导入 3DsMax，最后以 .fbx 格式导出，确保模型可导入 Unity 内部 Assets 文件夹当中，且所有 Unity 均可使用该模型。

在自动化生产方面，工业企业需要利用 Unity 3D 平台构建可视化模型的行为逻辑模型。该平台具有渲染引擎、脚本支持、可视化编辑等诸多功能，工业企业可以先渲染分拣装置模型静态外观，为各项部件的外观配置相应的物理材质，确保孪生模型与物理实体在外观的视觉效果方面没有差别；再基于经过渲染的三维模型，利用 Visual Studio 2019 完成脚本编程工作，构建行为逻辑模型。

在按照响应动作的控制方法对各项部件进行分类时，主要用到以下几项技术。

（1）执行机构动作仿真设计

就目前来看，执行机构动作仿真设计已经广泛应用到工业自动化领域中。为了充分发挥执行机构动作仿真设计的作用，工业企业需要有效控制滚轮、皮带、单电磁阀推料气缸和双电磁阀旋转气缸，为执行机构配备刚体组件，使其能够借助修改位置信息完成各项动作。

从实际操作上来看，需要先设定初始位置；再为各个执行机构设置相应的运动脚本，参考表 4-3 选择合适的函数，并调整表中所示的控制参数（如速度、方向等）；最后实现孪生体与数字实体之间的动作映射，在这一过程中，还需通过贴图的方式来保证皮带运行效果的真实性。

（2）传感器状态显示功能仿真设计

传感器状态显示功能仿真设计与颜色检测传感器和到位检测传感器相关。从作用原理上来看，颜色检测传感器可识别目标的颜色，到位检测传感器可判断目标位置，而脚本会根据目标的颜色和位置控制材质球是否隐藏。

表 4-3　执行机构模型控制量与控制参数

执行机构	速度 / (m/s)	动作类型	方向	控制中间变量个数
推料气缸	0.3	平移	前进、后退	1
滚轮	0.3	旋转	360°	1
皮带	0.3	旋转	360°	1
旋转气缸	0.5	旋转	−90°	2

（3）控制台按钮功能仿真设计

控制台按钮功能仿真设计与控制按钮相关，可支撑分拣装置实现启动、停止、急停、模式切换等多种功能。一般来说，工业企业可以通过传感器状态显示设计的方式实现控制按钮状态显示，通过射线检测的方式触发控制按钮，进而控制变量响应。

（4）物料运动轨迹仿真设计

物料运动轨迹仿真设计与物料相关，从作用原理上来看，推料气缸与物料模型之间互相关联，皮带可以运送物料，当物料与挡板或旋转气缸碰撞时，碰撞体组件可确保二者正常碰撞接触，让物料改变移动方向，进入相应的滑道。与此同时，工业企业也可以采用表 4-4 中的方案，通过逻辑判断和方法调用的方式实现运动控制。

表 4-4　物料运动轨迹仿真解决方案

问题序号	解决问题	实现方案
1	物料自动生成	设定生成物初始位置，实例化对象
2	模型关联	设置父子关系
3	物料运行	触发器响应，添加运动控制脚本
4	碰撞效果	碰撞触发，添加运动控制脚本

4.2.3 数据模型构建与测试

（1）数据模型的构建

自动化产线大多以可编程逻辑控制器（PLC）为控制器。以西门子 PLC 1200/1500 系列控制器为例，工业企业可以利用该控制器控制分拣装置，并采集和传输各项相关数据信息。

在构建数据模型的过程中，首先，要制定 Unity 模型对象与 PLC 的数据交互方案；其次，要支持 Unity 模型对象与 PLC 通信；最后，要促进 Unity 模型对象与 PLC 互相融合，并在此基础上实现数据读取和数据写入功能。

① Unity 模型对象与 PLC 之间的数据交互。Unity 模型与 PLC 的数据交互可分为两种类型，其中一种是 Unity 内部的数据交互，另一种是 Unity 模型与外部数据交互。具体来说，模型与 PLC 数据交互框架如图 4-1 所示，工业企业可以以数据处理脚本为中间站，并在该脚本中存储各项交互数据。

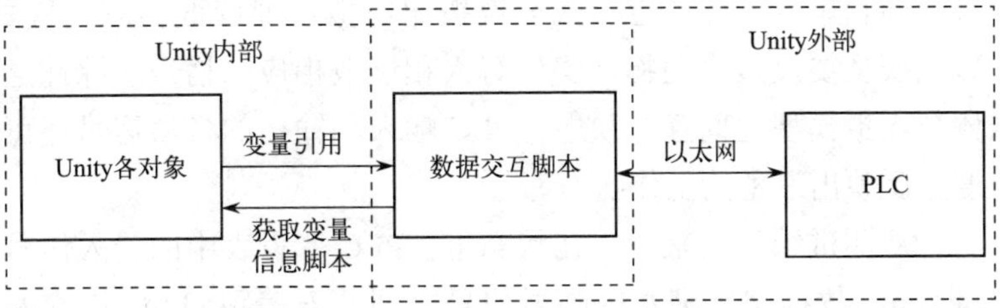

图 4-1　模型与 PLC 数据交互框架

在 Unity 模型内部，各个对象可以充分发挥获取变量的脚本的作用，从数据交互脚本中获取开关和传感器输入信号、执行机构输出信号等 PLC 变量信息，数据交互脚本可以以变量引用的方式获取切换模式开关信号等各项由 Unity 按钮模型控制的变量信息；在 Unity 模型外部，Unity 可以通过以太网传输各项变量信息，利用数据交互脚本与 PLC 通信，具体来说，主要涉及获取 PLC 的输入变量和输出变量、按钮模型控制的变量信息等。

② Unity 与 PLC 通信。Unity 可以充分发挥数据交互脚本的作用，借助 OPC UA、S7、ModbusTCP 等通信协议与 PLC 通信。当工业企业采用 S7 通信协议时，可以充分发挥 S7.NET 动态库的作用，并使用 C# 语言编写通信程序。具体来说，Unity 与 PLC 通信程序实现方案如图 4-2 所示。

图 4-2　Unity 与 PLC 通信程序实现

从实际实现流程上来看，首先，要创建 PLC 对象，设置合适的参数，如 IP、Rack、Slot 等，并在 Unity 和 PLC 之间搭建连接通道；其次，将 Unity 与 PLC 连接，为二者之间的数据交互做好充足的准备；再次，借助数据块地址、偏移量地址和变量类型三项变量属性，有针对性地读取和写入 PLC 变量值；最后，在不存在通信需求时断开 PLC，完成通信。

（2）模型测试

在控制器为西门子 PLC 1200 的情况下，工业企业可以利用博图 V18 软件编写 PLC 程序，并借此进一步控制物料分拣装置。从实际操作流程上来看，一方面，要明确可视化模型和物料分拣装置输入和输出的映射信号；另一方面，在设置 PLC 侧输入和输出信号的属性时，要确保其与 Unity 侧的数据块地址、偏移量地址和数据类型相同。

具体来说，物料分拣装置的物理实体向可视化模型写入执行设备控制指令等输出信号，以及安全控制信号、执行反馈信号和检测信号等输入信号，向自动手动 / 复位模式切换按钮虚拟模型读取相应的模式切换信号；虚拟模型要反过来向物理实体写入和读取相应的信号。除此之外，物理实体与虚拟模型之间互相映射，PLC 输入和输出的各项信号还可以在一定程度上反映出设备的工作状态。

从测试结果上来看，在状态上，PLC 变量表中的输入信号和输出信号与 Unity 数据交互脚本内映射信号之间并无差别；PLC 的输入信号和输出信号可以精准显示在虚拟模型中。具体来说，工业企业可以根据测试结果判断可视化模型是否可靠，当信号状态为 True 时，急停按钮进入禁用状态并显示为灰色，推杆气缸进入到位状态并亮起显示灯，旋转气缸进入到位状态并亮起指示灯，电机启动并在可视化模型中显示动态效果，旋转气缸执行旋转动作并实时映射动作状态，物料位置图标也会实时显示在可视化模型中；当信号状态为 FALSE 时，推杆气缸缩回。

4.3 基于数字孪生的生产线监控系统

4.3.1 生产线监控系统总体架构

在制造智能化转型持续推进的背景下，生产系统的分布式增强型智能特性更加凸显，这有赖于新型信息技术等多项先进技术的应用。在智能化的驱动下，生产管理将变得更加精细，对生产过程起到更显著的优化作用。

生产监控是实施生产管理的基础性手段，基于数字孪生技术的可视化监控系统受到许多研究者的关注。例如，有研究者指出，当前的生产车间监控在信息的实时性和透明度上存在短板，并提出了解决方案，即基于数字孪生技术实现实时监控和三维可视化监控，同时该研究者还提到目前生产监控管理不够透明，对此需基于数字孪生构建完善的管理运维平台；从数字孪生技术虚实相互映射的特质出发，有研究者提出了相应的建模方法，以针对复杂环境完成数据建模。

再有，安全防护和故障检测是车间生产实时监控系统的主要应用场景之一，针对该场景有研究者提出实时数据驱动的数字孪生车间体系架构，并画出了实现这一架构的技术路线；此外，还有研究者将数字孪生车间与可视化监控结合起来考察，探索一种涵盖多个层次的三维可视化监控系统。

以上列举了基于数字孪生的生产可视化监控领域的一些研究成果，但同时也有许多工作尚待完成，主要是数字孪生技术应用功能的扩展。在车间生产中，数字孪生技术的应用由低到高可分为 4 个层级，分别是监视控制、分析诊断、故障预测、智能决策，而现阶段的研究多数聚焦于监视控制这一层级，在更高层级的应用方面进展有限。因此，数字孪生技术在生产过程中的应用深化将成为未来主要的技术发展方向，相应的生产监控系统将沿着智能化和数字化的方向持续演进。

下面将以灌装生产线为例，提出一种基于数字孪生的生产线监控系统。

灌装生产线的组成部分有理瓶单元、贴标单元、数粒单元、旋盖单元和装盘仓储单元，生产流程包括智能上料、贴标、数粒装瓶、旋盖、装盘入库各环节。针对灌装生产线，可以开发基于数字孪生技术的动态模型监控系统。下面将逐一介绍该监控系统总体架构所包含的各个层级。

（1）设备层

由理瓶机构、贴标机构、灌装机构、旋盖机构等灌装生产线的各项设备组成，其运行数据将对监控系统的运转起到支撑作用。

（2）感知层

负责感知采集产线数据，并对数据实施预处理。其感知对象包括设备状态及行为、物料信息、环境条件等。在采集设备数据时，感知层需运用数据通信协议，并经由设备的数据接口获取数据，传输操作也需借助相应的功能模块完成。如果设备无数据接口，则借助传感器采集设备信息。

（3）数据模型层

映射感知层采集到的数据，建造与物理实体相对应的虚拟模型，真实全面地反映物理实体信息，包括其构造、状态及行为等，形成物理空间与虚拟空间的相互映射，并在此基础上执行数据分析、运动控制、异常检测等操作。

（4）应用层

依托生产线的数据模型实施产线管理，运用三维可视化手段展示生产资源，模拟各项产线行为，并通过发送虚拟信号的方式在模型上呈现生产线的各项信息，基于信息透明化构建虚拟监控平台，根据实时监测结果采取质量控制、故障诊断及修复等管理措施，以实现生产线运行优化。

4.3.2 感知层与数据模型层设计

（1）感知层设计与实现

① 感知层硬件结构组成。监控系统感知层的硬件结构包括可编程自动控制器 GE PAC、人机交互机构（触摸屏、上位机）、传感检测机构（扫码器及各类传感器）、执行机构几大部分，如图 4-3 所示。

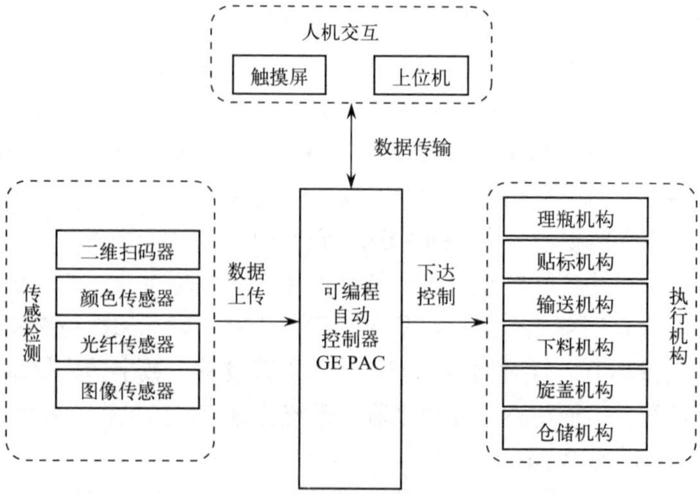

图 4-3 监控系统硬件结构组成

产线运行过程中，PAC 收集各传感器的数据并完成分类，而后将数据转换为数字信号，利用数据通信网络传至上位机处。上位机则负责设置 PAC 参数，并向其下达指令，以调节各项模拟量和开关量。在监控系统中上位机承担多项功能，包括运行控制系统、设备监控、人机交互、数据处理、决策等。

② 感知层异构多源数据组成。监控系统的数据分为数字量和模拟量，前者如控制模式按钮、位置信号等，后者如电流、电压、温度等。系统的输入和输出信号分别为 21 个和 19 个，主控制器选用 GERX3i 型 PAC，在确保基本需求得到满足的同时为功能拓展留出空间。

（2）数据模型层设计与实现

监控系统的数据模型层由以下 4 个模块组成。

① 数据建模模块。负责采集产线实时数据，如设备运行状态、物料信息等。这些数据将作为支持监控系统运作的基础数据。

② 数据管理模块。负责对系统数据执行各项管理操作，包括数据的挖掘、分析、存储等。传统的监控系统强调独立模型单元的专用性，单个模

型只用于解决与实际需求相关的特定问题，从而将问题简单化。而数据模型层的数据管理模块则改变了这一模式，其整合多源数据，将各个领域的问题汇集于同一模型，通过问题间的联动交互促成问题的解决，同时实现模型的更新迭代。另外在建模方式上，依据产线物理实体的特性和状态构建其数字孪生体，同时也采用多维度模型耦合的方式。

③ 数据传输模块。利用 OPC UA 数据通信协议在数据接口间建立连接，以完成数据的传输和接收操作，同时借助虚拟设备保持实体空间与虚拟空间的同步。

④ 数据可视化模块。该模块通过可视化的方式呈现产线信息数据。在数字孪生技术的驱动下，可视化监控不再是单纯地对物理实体的映射，还能够通过实时数据分析对生产制造活动形成更加深入的认知，总结生产的模式和规律，并做出准确预测。

4.3.3 生产线监控系统软件设计

在软件设计方面，灌装生产线监控系统遵循模块化、简易化的理念，其用到的技术有 PAC 技术、SCADA 技术、MES 技术。

控制功能是 GE PAC 的优势所在，iFIX 组态软件可用于采集生产线数据，还可利用可视化手段构建生产线监控系统，并实施远程控制操作。

生产线监控系统软件系统的结构包含 PAC 程序设计和监控组态设计两部分，如图 4-4 所示。

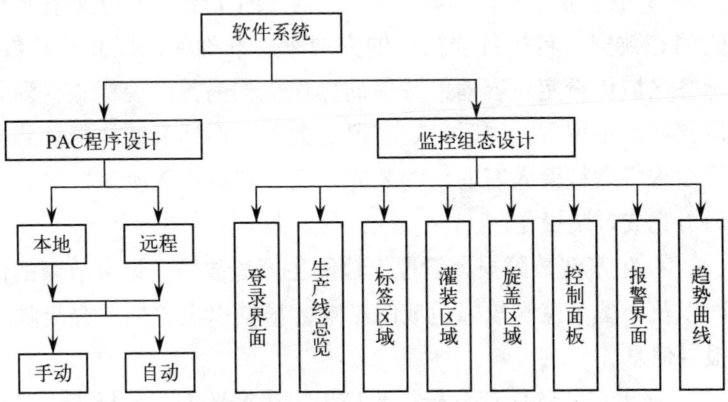

图 4-4　生产线监控系统软件结构

(1) PAC 程序设计

在 PME 软件的协助下，控制器 GE PAC 执行参数配置操作并完成程序设计。根据生产线的控制方式开展程序设计，控制方式主要有以下两种。

- 本地控制：在生产现场安装操作面板，以此作为生产线的控制装置，操作开关和按钮用以启停生产线各机构。
- 远程控制：借助通信网络与生产现场建立连接，将上位机作为生产线设备的控制装置，实际的效果可与本地控制相当。

选好控制模式后还需选择工作模式，有手动和自动两种模式可供选择。在调试产线设备，或执行系统复位操作时，需选择手动模式；自动模式下，生产线将按照操作指令自动运行和停止。灌装生产线工艺 PAC 程序流程如图 4-5 所示。

（2）监控组态设计

借助 iFIX 组态软件，在上位机上展示生产线操作及参数，展示方式为图形和数值。而后，根据控制要求进行可视化界面的预设计。可视化程序主要包含以下部分：登录界面、生产线总览、控制界面、标题栏、报警界面、趋势曲线，以及与灌装生产线的标签、灌装、旋盖各操作区域相对应的部分。

具体而言，组态系统包含以下功能模块。

① 用户权限管理。用户可选择以“登录”或“进入”的方式进入系统，如果选择后者则无须输入账号密码，但也只能获得有限的操作权限。

② 生产线总览。查看生产线的各个部分，包括传送带、控制台、标签区域、旋盖区域等，掌握产线的运行状态。

③ 生产线分区动态数据采集。采集生产线各个区域在操作过程中产生的动态数据，包括各项操作的完成率、准确率，以及故障数据等。比如，标签区域负责定位容器，并借助操作机构为其贴装标签；灌装区域引导容器到达指定位置，同时确定容器的数量，而后开始执行灌装操作，按照定量要求将颗粒灌入容器；灌装完毕后，容器进入旋盖区域以加装瓶盖，最后再完成封装操作。

④ 生产线故障报警管理。检测生产线故障，记录故障的位置、出现时间以及类型，监测故障造成的影响，根据以上数据探究故障原因，并发送报警信息。

⑤ 历史趋势储存分析。收集历史生产数据，分析历史趋势，同时记录各个环节的产品数量，获取产品合格率数据。

以上从硬件层和软件层介绍了基于数字孪生的灌装生产线动态实时可视化监控系统设计。在实际应用中，该系统能够完成数据采集与传输、实时数据呈现、故障诊断报警等各项操作，协助决策者对生产制造过程实施

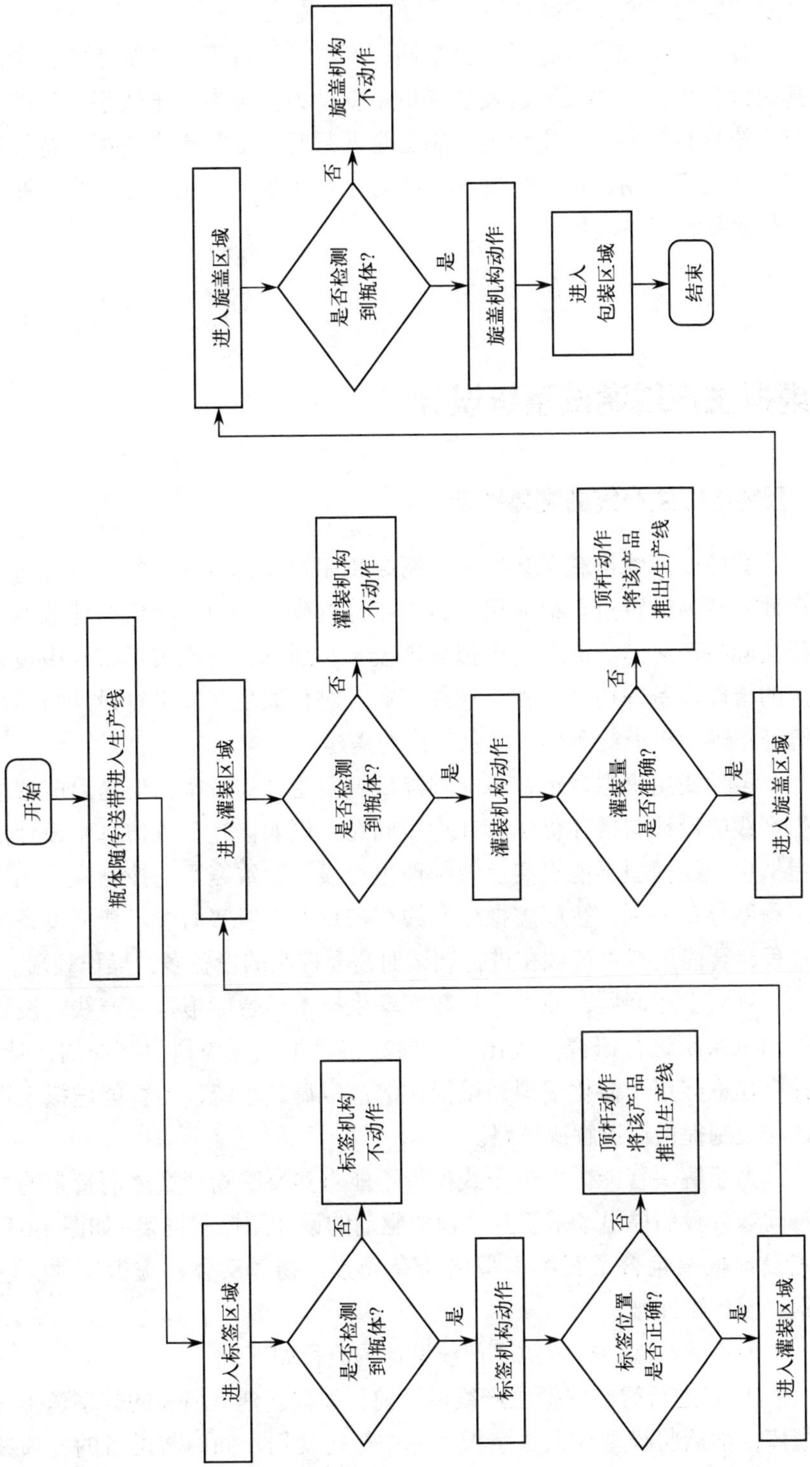

图 4-5 灌装生产线工艺 PAC 程序流程

有效的管理调度，确保产线运行得安全、稳定、高效。

数字孪生技术可在工厂、车间、产线、设备等生产制造的各个层级发挥关键作用，为智能制造发展提供重要助力。其中基于数字孪生的生产监控系统具有较高的实用价值，制造企业须对此给予重点关注，持续推进系统的开发和应用，以充分发挥系统对生产的优化作用，提升生产制造的智能化水平和整体质量。

4.4 智能虚拟生产线调试系统设计

4.4.1 智能虚拟生产线的整体框架

智能生产线搭载了数字化、网络化和智能化技术，凭借运行可靠和生产效率较高的特点已被应用于各种零件的生产。为了降低搭建成本，在进行实际生产之前，需采用虚拟调试技术，通过在三维仿真软件中设计出相应的智能设备并搭建虚拟生产线布局，对智能生产线进行设计与仿真，经验证正确后再进行实际智能生产线的搭建。

虽然使用虚拟调试技术能够降低智能生产线成本，但是目前智能虚拟生产线的设计与搭建仍然存在许多问题，例如，在三维仿真中设计的智能虚拟生产线模型不能真实反映物理生产线，导致编写的控制程序和实际控制程序存在差别；智能虚拟生产线在仿真时不能实时展示智能设备的加工过程；智能虚拟生产线在进行调试时需要控制的设备多，操作烦琐。

针对上述问题，我们采用数字孪生技术对智能虚拟生产线的设计和虚拟调试系统进行研究，提出了面向数字孪生智能虚拟生产线的设计方案，并搭建框架用于简化虚拟调试操作的虚拟调试系统，为智能虚拟生产线设计与控制提供快速解决思路。

为了解决智能虚拟生产线模型不能真实反映物理实体而带来的控制困难问题，我们提出了基于五维模型驱动的设计和控制框架（如图4-6所示）。该设计框架包含了五维模型的所有元素：物理实体、虚拟实体、孪生数据、服务和连接。

使用该框架进行智能生产线设计的流程如下：

① 在进行智能虚拟生产线设计前，须提前建立所需的数字孪生设备模型库，然后将模型导入数字模型库中等待使用，同时将设备的各项参数储

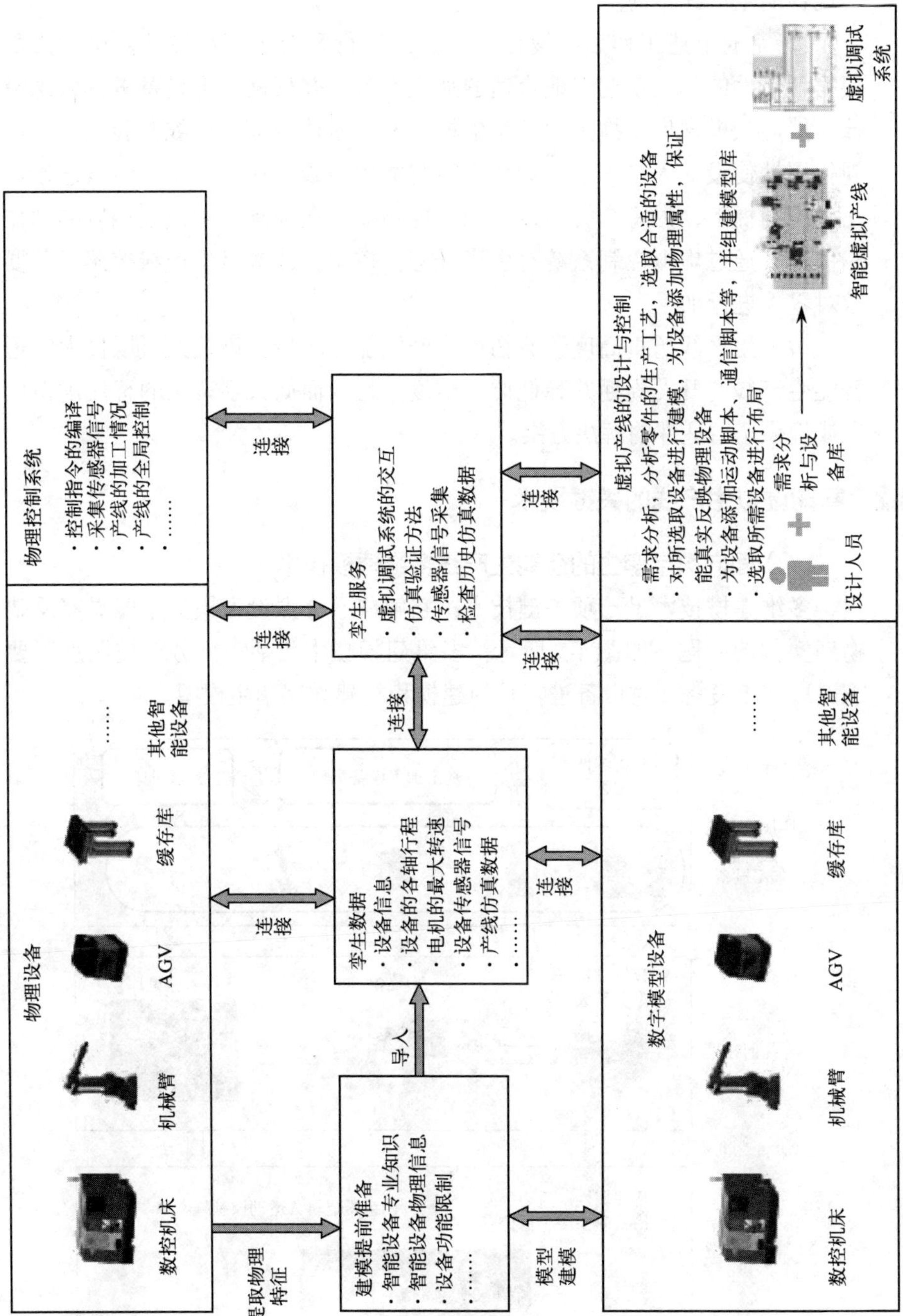

图 4-6 面向数字孪生的智能生产线设计

存至孪生数据中。设计人员可以在数字模型库中选取所需设备模型并快速实现智能生产线布局。

② 完成上述工作后，设计人员开始进行智能生产线设计。设计人员根据各零件的加工工艺选取合适的加工设备，并根据加工设备进行概念设计，然后从模型库中拖曳模型至虚拟空间，搭建智能生产线并验证，其可视化属性使设计人员可以直观地观察智能生产线。在智能生产线概念设计正确的前提下，为每个智能设备配置控制器，在控制器中设定相应的动作和信号，通过虚拟控制系统对生产线进行控制，让智能生产线按照工艺要求对零件进行加工。

智能生产线仿真高度还原物理生产线加工场景，该框架可以极大缩短智能生产线的开发周期并降低调试难度，也为面向数字孪生的智能虚拟生产线提供了普适性的解决方案。

4.4.2 智能虚拟生产线的关键技术

（1）面向数字孪生的智能生产线多维建模技术

多维建模技术是一项关键技术，它解决了虚拟设备模型不能真实反映物理实体的问题。如图 4-7 所示，多维建模技术包括三部分：按照加工要求选取加工设备、对设备进行几何建模和构建数字孪生模型。

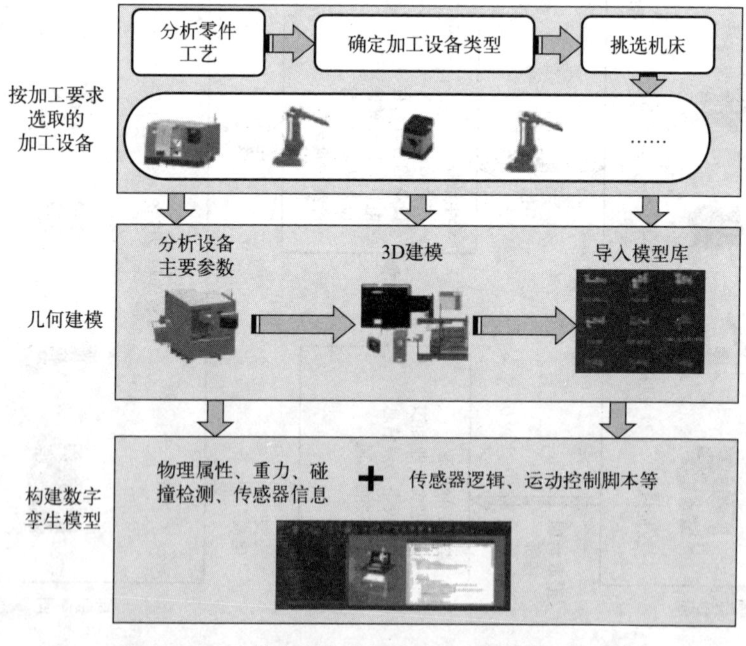

图 4-7　面向数字孪生的智能生产线多维建模流程

首先，根据加工零件的工序要求选取智能设备，确定其几何尺寸。

其次，根据确定的几何尺寸，在三维建模软件里对智能设备进行建模。将复杂的智能设备分解成多个组件，分别对多个组件进行建模和装配，这保证了虚拟模型和智能设备几何上的一致性。但是这些虚拟模型不具备物理设备所具有的特性，只是在外观上与物理设备相似，所以需要为虚拟模型添加物理属性。

最后，在建模仿真软件中为其添加物理驱动和脚本编辑。基于物理驱动，物理属性可以被添加到智能生产线的工作环境中，但通过这些物理属性并不能让智能生产线具备感知和仿真功能，所以需要根据传感器逻辑和运动逻辑为虚拟模型添加传感器和运动脚本，虚拟设备可以根据脚本程序执行动作。此外，还为模型添加了自动拼接功能，用来加快智能生产线设计搭建进程。在智能生产线设计时，设计人员根据需要从设备库中选取虚拟模型，并将其拖曳至虚拟空间，以完成智能生产线设计。

（2）面向智能虚拟生产线的通信框架设计

由于智能生产线往往由繁多底层设备（如传感器、机器人、PLC 设备、数控机床和 AGV 等）组成，设备的通信协议也各不相同，因此智能生产线的数据采集以及整合通信系统的成本巨大。除此之外，不同协议的信息传输直接影响各层次间数据通信的统一管理，给车间信息管理带来困难。因此，智能生产线需要一个通信框架用于设备之间的数据连接。OPC UA 作为可靠灵活的通信网络，是一种不依赖于平台且具有更高安全性和可靠性的标准。下面我们提出用基于 OPC UA 的可扩展通信框架构建智能生产线连接设备，其框架如图 4-8 所示。

将各类智能设备嵌入 OPC UA 客户端中，将各智能设备采集的数据转换为支持 OPC UA 协议的数据并封装到 OPC UA 服务器中，使用 OPC UA 通信协议通过 Wi-Fi 与 OPC UA 客户端进行通信。当服务器调用服务时，客户端必须向服务器发送请求消息，处理完请求后，服务器将回复消息发送回客户端。在客户端和服务器之间发送的信息和数据必须通过消息模式格式检查，并由客户端或服务器分析获取所需信息。这极大地方便了智能生产线的数据采集和通信，实现了多种数据类型的通信统一，为智能生产线的信息化管理提供了很大便利。除此之外，为了方便实时观察零件的加工过程，调试系统将设备模型接入虚拟数控系统，接收来自 OPC UA 服务器的启动信号，通过对 G 代码进行编译并解析成数据，实时驱动设备模型运动。

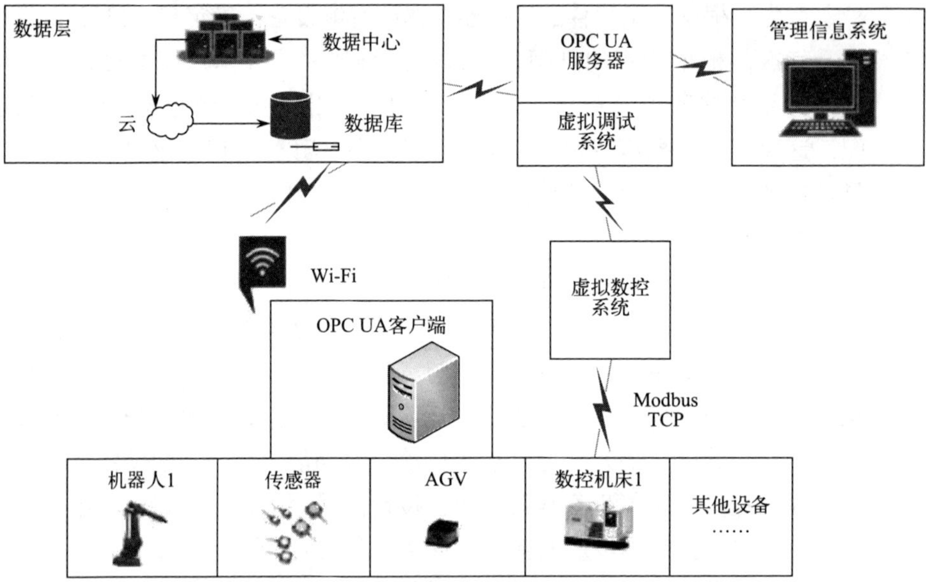

图 4-8　基于 OPC UA 的智能生产线可拓展式通信框架

（3）虚拟调试控制系统设计

搭建好智能生产线布局后需要对生产线进行控制及调试。下面我们设计虚拟调试系统，由虚拟调试系统对智能生产线模型下发命令，从而实现对智能生产线虚拟加工过程的控制，面向数字孪生智能虚拟生产线的控制系统框架如图 4-9 所示。

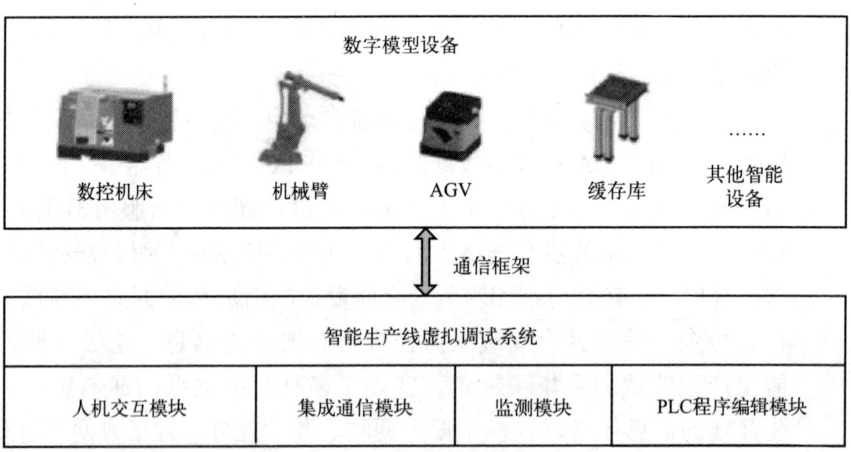

图 4-9　虚拟调试系统框架

基于软 PLC 平台 CODESYS 设计虚拟调试系统，该系统主要包括人机交互模块、集成通信模块、监测模块和 PLC 程序编辑模块。人机交互模块作为信息传递的主控界面，是实现系统与用户之间信息交互与交流的功能窗口，主要包括控制智能生产线设备的启停功能以及为了方便观察实时加工过程设置的视角转换功能。通信模块是实现虚拟控制器对智能虚拟生产线控制的关键，我们采用 OPC UA 进行通信。监测模块主要用来监视智能生产线的运行状态以及各个设备的运行情况，通过控制器的 I/O 接口，利用采集的数字模型运行数据和传感器数据即可实现。PLC 程序编辑模块主要是为智能生产线提供编写控制程序的功能，设计人员可根据智能生产线的运行逻辑，用梯形图编写相应的控制程序控制产线生产。

虚拟调试系统设计主要是 PC 端交互控制软件设计，使用交互控制软件对智能生产线模型发送和接收反馈动作信号，通过仿真软件中的智能生产线模型来验证程序逻辑。面向数字孪生的智能虚拟生产线的虚拟调试系统总体工作流程如图 4-10 所示。

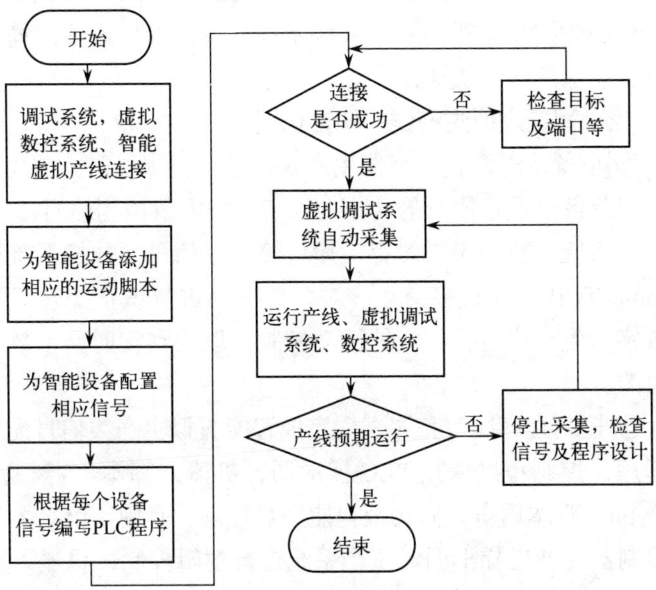

图 4-10　虚拟调试系统工作流程

4.4.3　智能生产线调试与仿真实例

基于上述关键智能技术，给出了面向数字孪生的智能虚拟生产线设计和控制应用实例，通过虚拟调试系统完成对智能虚拟生产线的调试和实时监测。该实例可以使我们更好地理解面向数字孪生的智能虚拟生产线的设计和控制。

（1）智能虚拟生产线的快速设计

针对本案例 8 种零件的生产搭建智能虚拟生产线，用来验证智能产线的快速设计与控制。该智能生产线由机械手、数控机床、AGV 以及其他周边设备组成，可以验证数字模型是否都能够按照 PLC 控制程序正常工作，智能生产线的快速设计过程如图 4-11 所示。在进行智能生产线设计之前要进行需求分析，设计者根据需求进行概念设计，智能生产线的布局由概念设计决定。

智能生产线的整体拓扑设计总共由 10 个加工单元、8 台 AGV 及其他周边设备构成，每个加工单元由 1 台机械手和 1 台数控机床组成，列出各零件的加工工艺与对应机床所需时间，其中，OP1 ～ OPn 表示加工工序，M1 ～ M10 分别表示 10 台机床，车间同时生产 8 种不同的零件，表示为 Job1 ～ Job8。物料在车间通过 8 辆 AGV 运输，分别表示为 AGV1 ～ AGV8。根据概念设计中选用的数控机床、机械手和 AGV，使用多维建模技术设计好相应的数字孪生模型并导入数字模型库，设计人员从模型库中导入模型进行智能生产线的快速设计。

（2）智能虚拟生产线的调试仿真

① 设备信号配置。智能生产线在进行调试之前，需要根据零件的生产流程以及各个设备执行的动作为加工设备配置控制信号，主要是 PLC 与各个数控系统、机械手、缓存库库位等交互信号。数控系统和机床模型通过 Modbus TCP 协议直接交互，对数控代码进行识别、解析与处理，用于驱动数字孪生机床进行相应的运动控制，以达到实时显示数控机床加工过程的目的。

② 控制程序编写和调试。完成智能虚拟生产线信号配置后，再编写控制程序，控制程序采用 PLC 梯形图、机器人脚本语言、数控系统 G 代码和 Python 脚本语言共同实现智能产线控制。其中，PLC 为智能生产线的中央控制器，通过梯形图对整个系统进行逻辑控制，机器人脚本程序由 PLC 触发后执行相应的上下料动作，数控系统 G 代码用来完成加工任务。针对部分零件生产的 PLC 控制流程如图 4-12 所示。

在机器人自带的程序编辑器中编写机器人的脚本程序，用于实现接收 PLC 的控制信号、执行机器人的上下料、发出信号启动数控机床加工和接收模型设备反馈信号等功能。

Python 主要用来编辑通信接口、通信协议和数据处理功能，用来实现虚拟数控机床向数字孪生机床的转变。

在编写完控制程序后，将 PLC 的输入、输出信号和智能设备输入、输

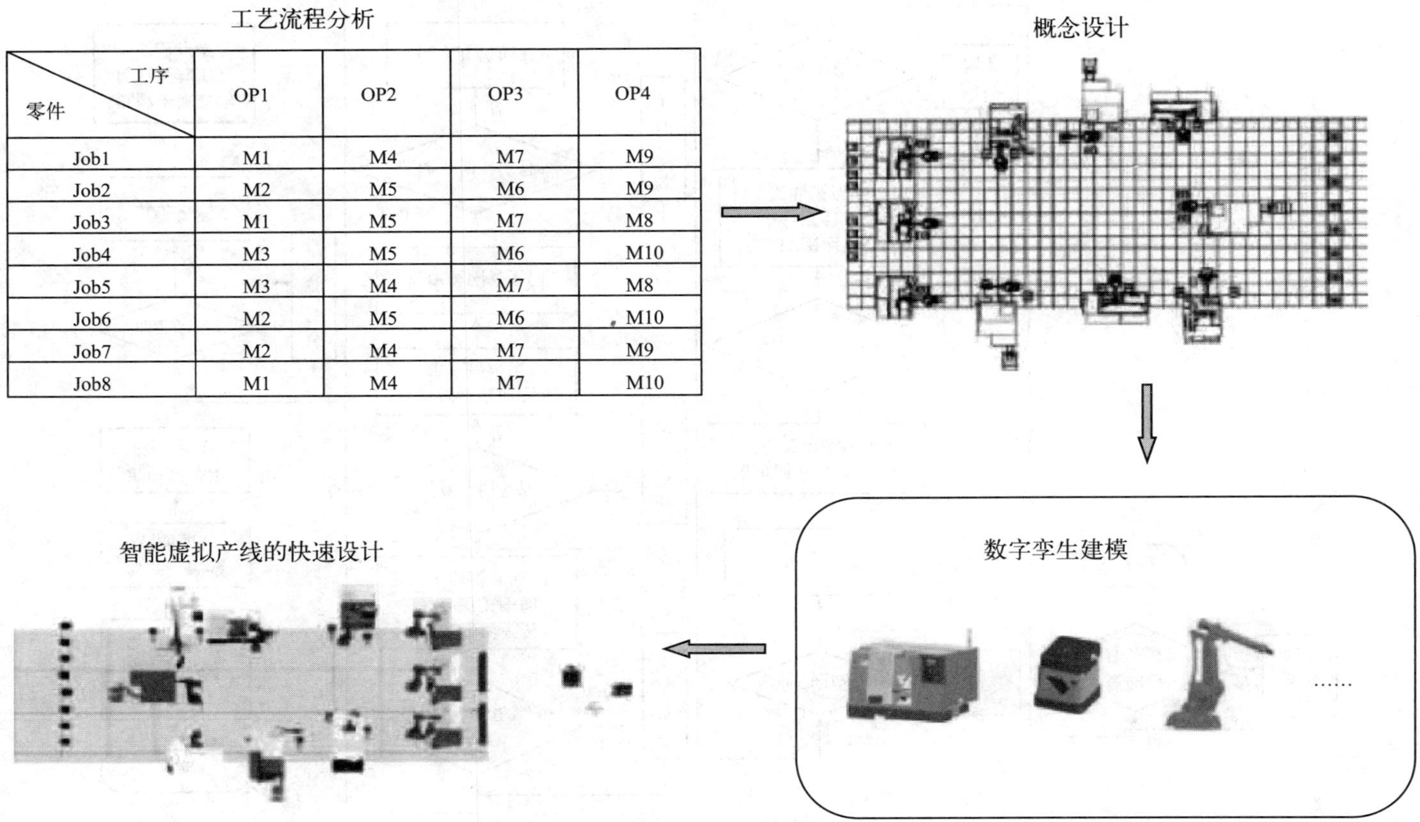

零件 \ 工序	OP1	OP2	OP3	OP4
Job1	M1	M4	M7	M9
Job2	M2	M5	M6	M9
Job3	M1	M5	M7	M8
Job4	M3	M5	M6	M10
Job5	M3	M4	M7	M8
Job6	M2	M5	M6	M10
Job7	M2	M4	M7	M9
Job8	M1	M4	M7	M10

图 4-11　智能虚拟生产线的快速设计

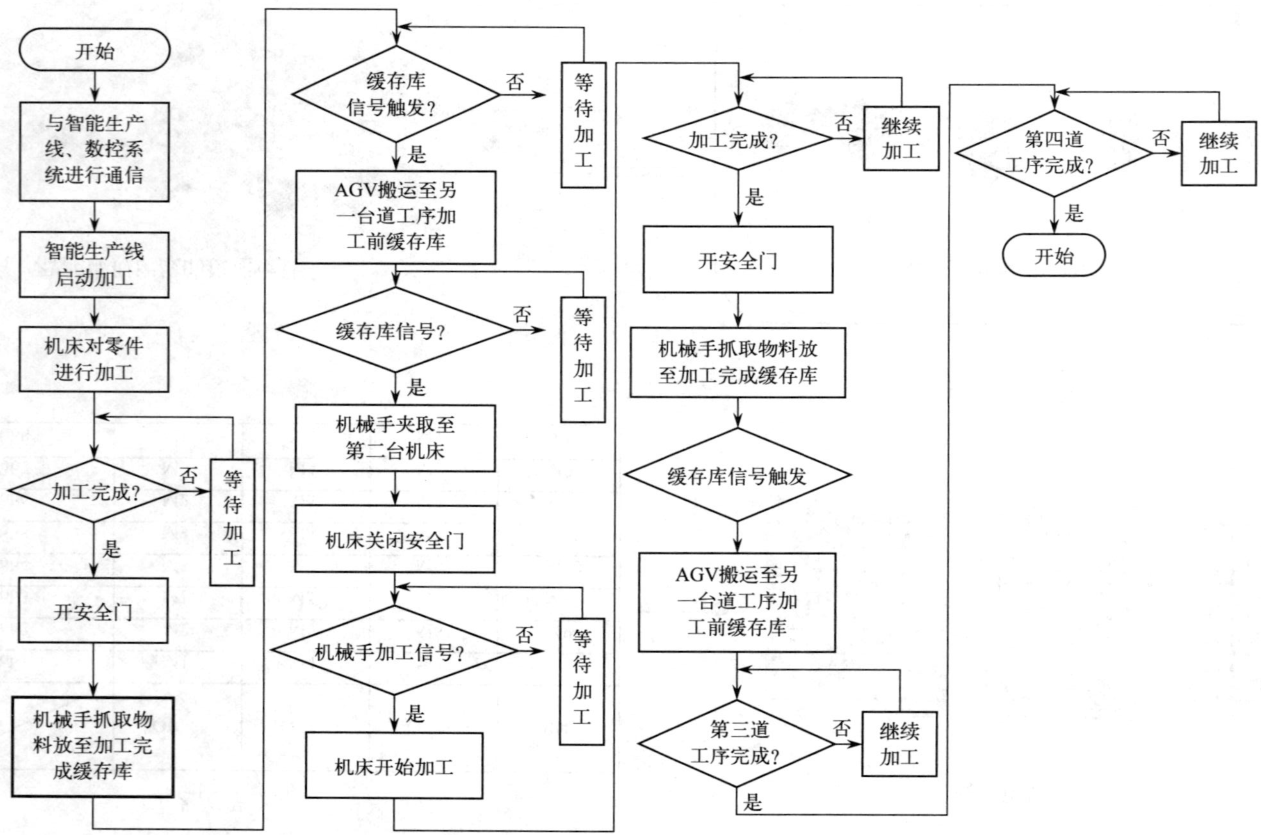

图 4-12　智能虚拟生产线某个零件的 PLC 流程

出信号一一对应，随后对智能生产线进行虚拟调试，虚拟调试是通过PLC梯形图、机器人脚本程序、数控G代码以及虚拟调试系统共同控制虚拟模型进行的。运行智能生产线、虚拟数控系统和虚拟调试系统，将智能生产线和虚拟调试系统通过OPC UA通信协议连接起来，虚拟数控系统和数控机床通过Modbus TCP协议连接起来，通过操作虚拟调试系统的人机交互模块控制智能生产线中智能设备的信号实现对智能生产线加工过程的控制，同时通过视角转换功能实时观察智能设备的加工过程。在监控模块中，观察智能设备模型反馈的信号可以及时发现智能设备是否出现故障。

第 5 章

设备级数字孪生

5.1 数字孪生重塑设备全生命周期管理

5.1.1 传统设备全生命周期管理的痛点

工业 4.0 概念是在新一轮技术革命浪潮兴起、全球制造业深刻变革的背景下诞生的。2013 年，这一概念在德国汉诺威工业博览会上首次系统发布，意在实现制造业的柔性化升级，重塑产品服务生产模式，形成数字化的新型生产形态。从实现路径上来看，其技术框架以智能制造为主驱动力，通过构建信息物理融合系统（CPS）赋能传统制造业，推动其智能化、信息化、自动化发展。

在工业 4.0 的概念框架下，数据互联、智能交互成为智能制造设备的主要技术演进方向。未来，以云计算、物联网、大数据技术为支撑，覆盖设备全生命周期的闭环式管理将成为具有代表性的企业生产管理新模式。这种模式聚焦于数据作为重要生产要素的价值载体作用，通过多维数据流整合实现设备可靠性指标的持续优化，保证生产过程的稳定高效；同时以效益最大化为原则实现资源的合理配置，推动整个生产过程提质增效；通过生产过程的灵活介入和生产参数的按需调节提高生产的柔性化程度，提升企业的需求满足能力。

而作为工业 4.0 时代的关键核心技术，数字孪生技术的出现推动了设备全生命周期管理的开创性范式革命，成为实现设备高效管理的重要技术实现路径。

在工业 4.0 之前，传统的设备全生命周期管理方式存在诸多弊端，严重制约着企业的发展，阻碍其提质增效目标的达成。

在设备选型采购过程中，最显著的问题是由于信息不对称而造成机器型号的错选、误选。由于在关键参数获取方面存在信息壁垒，通常企业仅能依赖供应商单方面提供的技术规格说明及营销性介绍进行采购决策，如果企业不具备客观评估设备性能、全生命周期运营成本等指标的能力，会使得设备质量难以保证，或所选设备与实际产线需要不匹配，造成产线综合效率下降、次品率上升，从而严重影响工厂运营。

在设备运行管理过程中，最突出的问题在于管理的精细化程度不足，缺乏有效的状态监测手段。首先，在设备管理操作方面，人工操作易受操作者主观认知、操作者状态等因素的影响，导致误操作率较高，甚至可能造成设备损毁。其次，在状态监测方面，传统的监控方案难以捕捉设备的早期劣化特征，常导致错过设备的最佳运维窗口期，影响产线生产进程；最后，设备监控系统缺乏设备潜在问题的挖掘能力，对产线异常的灵敏度和响应能力不足。

在设备运维环节，传统的定期维护和事后维修存在技术经济性不足、被动响应修复模式导致产能损失较大等问题。首先，定期维护即为设备提供一定频率的连续性维护，这种方式虽然能够保证对设备维护需求的全覆盖，但无效维护在总维护次数中的占比较高，会降低企业在设备维护方面的投入产出比。其次，作为一种被动响应修复模式，事后维护遵循“出现问题—解决问题”的工作流程，故障处理的后置直接导致了企业的产能损失，不利于企业的产值提高。此外，在进行事后维护时，设备的故障与损伤已经形成，也会缩短设备的使用寿命。

在设备的报废阶段，报废评估流程规范性不足、报废设备的后续处置标准缺失是最主要的问题。首先，由于缺乏流程规范，企业在进行报废决策时常出现误判，导致仍具有改造价值的设备提前退出生产造成资源浪费或盲目延长应报废产品的服役时间；其次，在报废设备的后续处置过程中，由于缺乏相关标准，常造成生态破坏以及可再生资源回收过程中的价值流失。

5.1.2 数字孪生在设备管理领域的应用

数字孪生是物理系统与信息系统交互下的产物，依托传感器、各类数据融合算法和物联网技术，数字孪生能够实现物理空间与数字空间内数据的双向贯通。在数据流的作用下，物理实体的运行参数、状态发展趋势都将被同步至数字孪生模型中，二者始终保持动态同步。

以汽车制造为例，借助数字孪生技术，能够实现汽车从设计开发到零件拣选、组装装配、物流运输等全过程的可视化呈现，以提高管理者对整个汽车生产过程的认知能力和把控能力，从而做出正确的生产决策，优化整个生产过程。此外，数字孪生模型不但能够呈现车辆的物理生产过程，还能够展示车辆的运行信息，这对车辆的研发、测试、性能优化与技术升级意义重大。

（1）设计阶段

在设备设计阶段，数字孪生技术显著的优势是能够实现多物理场参数的协同优化。通过在数字空间构建具有高仿真度的映射模型，以虚实结合验证的方式进行设计的测试，数字孪生技术能够利用搭建的多维数字场景提高各类验证测试的指标覆盖范围，提高设计人员对设计方案的洞察深度，从而解决传统设计方法依赖人工经验与二维工程图纸的平面化表达而造成的设计者操作空间不足的问题。

以大型数控机床设计为例，通过在虚拟环境中搭建多维度场景，设计人员能够获取机床在不同场景下运行时的切削力、振动、温度分布等，通过参数分析完成机床的性能评估，从而发现可优化项，在设备生产前的概念设计阶段消除可能存在的缺陷，避免反复试制导致的高成本问题。此外，数字孪生模型还能够深度集成制造环节的数字孪生体，贯通产品设计与实体制造环节，通过两个环节之间的数据共享与信息交互提高设备一次成型的概率，并优化产线整体的生产效率。

（2）制造阶段

在制造过程中，数字孪生技术能够建立基于整条生产线的虚拟映射系统，从而实现全生产流程的可视化管理与数字化控制，同时提高生产的柔性化程度。

以电子产品制造为例，数字孪生模型与物理生产线之间的实时动态映射关系使之能够对各个生产环节进行全过程追踪，监控设备的温度变化曲线、压力变化情况、主轴转速等运行参数，并在检测到指标异常时及时向产线管理人员发出预警，辅助生产管理者迅速定位故障点。同时，利用数字孪生技术的跨环节资源调度能力，生产管理者能够更好地平衡各项生产影响因素，做出科学的生产决策，提高生产的灵活性与产线对订单的响应能力，有利于企业进一步建立竞争优势。

（3）调试阶段

在设备调试方面，数字孪生技术打破了传统物理调试方法对调试精度、调试效率的限制，极大地缩短了调试周期，保证了调试的准确性，同时降低了调试过程中的安全风险。

以飞机发动机调试为例，通过在数字空间内建立飞机样机的数字映射模型并搭建各类工况仿真环境，调试人员能够复现飞机在起飞、巡航、降落等工况条件下的工作状态，通过参数记录与分析实现调试方案迭代优化。这种新的虚拟化调试完美解决了传统实体飞机调试精度低、用时长、调试过程安全风险高的问题，并能够为企业节省调试成本，是企业实现降本增效的重要数字化解决方案。

（4）运行阶段

在设备运行管理方面，数字孪生技术能够实现设备全周期运行的状态监控，提高运维人员对设备运行状态的认知能力，同时响应多场景下的设备管理需求，智能分析设备运行参数，及时发现潜在的故障问题并向运维人员发出预警。

以风力发电场景下的风机运维为例，数字孪生技术能够辅助运维人员获取风机设备的实时传感数据，包括风机的叶片旋转角度、叶片转速以及发电量等，在大数据分析与人工智能算法的辅助下，将风机的实时运行信息与历史运行信息融合，从而总结出设备的运行规律与劣化模式，提前感知并定位叶片疲劳、齿轮箱故障等设备隐患，实现设备的预测性运维，提高设备的使用寿命，有效保证设备运行的稳定性。

（5）维护阶段

在设备维护方面，数字孪生技术正推动传统的故障被动响应式维护、定期维护走向更符合技术经济性原则的主动预防式维护与实时响应式维护。通过构建多维度设备数字映射体，数字孪生技术能够实时分析设备运行过程中的各类运行参数，融合设备历史运行数据生成设备运行故障预测模型，并在智能算法的辅助下实现设备健康状态演化趋势的可视化呈现。

以石油化工企业中的设备维护为例，作为生产关键设备的压缩机、泵等经常出现机械密封失效、轴承损坏等故障，传统的事后维修式维护方式常需要停机维修，且设备易形成不可逆损伤。数字孪生技术的应用则改变了这一情形，通过监控这些关键设备的实时运行状态，系统能够将故障信息同步至运维人员终端，并辅助运维人员完成故障定位，快速完成检修工作，从而提升了系统的设备故障响应能力，缩短了企业的停机维护时间，在降低企业设备维护成本的同时也延长了设备的使用寿命。

（6）报废阶段

在设备报废阶段，数字孪生技术的应用能够保证可再生资源的价值回流，重构整个报废阶段的价值链条。首先，数字孪生技术能够整合、分析设备全生命周期的运行数据，并与智能算法相配合引入设备应用、性能评估、服役状态标准的相关知识，从而形成科学、规范且具有设备定制化特征的设备剩余价值评估模型，为企业的设备报废决策提供有力的数据支撑。其次，数字孪生技术能够实现报废设备多维度指标的价值计算，量化分析设备的再利用潜力，并生成具有针对性的回收利用方案，实现设备残余价值的回流，以保证整个设备报废过程的节能绿色。

以废旧汽车回收为例，借助数字孪生技术，企业能够对整车进行价值拆解，从而生成分级回收方案，实现报废汽车的精细化回收，这一方面减少了资源浪费，另一方面也能降低汽车报废过程中的生态成本。

5.1.3 设备数字孪生面临的挑战与展望

（1）数字孪生在设备管理中面临的应用挑战

在工业 4.0 应用框架下，尽管数字孪生在设备管理领域拥有良好的发展前景，但其技术落地仍面临诸多限制。

① 技术层面。作为一项交叉性和集成性较强的综合性数字化技术，在技术层面，数字孪生模型应用落地面临的挑战如表 5-1 所示。

表 5-1 设备数字孪生面临的技术挑战

序号	技术挑战
1	相关技术标准有待完善，跨领域技术整合难度大
2	在复杂设备场景下的应用对算力要求高，同时难以满足系统的实时响应
3	数字孪生模型校验依赖验证与测试，时间与成本消耗巨大

② 数据方面。数字孪生技术的功能实现离不开海量数据的支撑，同时对数据的安全性和可靠性提出了一定要求，其面临的主要挑战如表 5-2 所示。

表 5-2 设备数字孪生面临的数据挑战

序号	数据挑战
1	在数据采集阶段，受设备故障、传输中断等因素的影响，可能会影响数据质量和数据完成性
2	从整个数据生命周期来看，各环节缺乏有效的数据安全保护措施，数据泄露以及被攻击的风险较高
3	缺乏行业性的统一标准框架，多源异构数据共享困难，数据壁垒严重

③ 安全方面。作为一项新兴数字技术，数字孪生系统本身多接口、多通信的交互特性使之面临的网络安全问题更加复杂，主要表现如表 5-3 所示。

表 5-3 设备数字孪生面临的安全挑战

序号	安全挑战
1	传统封闭工业网络的开放性增强，为黑客攻击提供了潜在入口，可能导致生产数据泄露，造成严重后果
2	物联网设备终端存在固件升级缺陷等安全漏洞，可能成为恶意攻击者的攻击窗口，并在遭受攻击后形成蝴蝶效应，引发连锁风险

（2）数字孪生在设备管理中的应用展望

尽管在发展过程中受到多种因素的限制，但数字孪生在工业 4.0 设备管理中的应用仍呈现出良好的发展势头，具体表现在应用范围将进一步扩大、技术综合性将进一步提升、服务响应速度将更加灵敏、标准体系构建将进一步完善等方面。

在技术进步的推动下，数字孪生技术的跨领域渗透能力将进一步提高，从生产制造领域拓展到社会服务、社会治理等领域，服务范围进一步扩大。例如在医疗领域引入数字孪生技术，通过 CT/MRI 影像数据重构患者心脏三维模型，配合血流动力学仿真技术能够辅助制定复杂先天性心脏病手术方案，提高手术的安全性和治愈概率。

随着技术的不断演进，数字孪生、大数据分析、机器学习、人工智能等技术将实现深度融合，推动其向认知智能阶段迈进。例如，在设备运维层，通过融合机器学习算法，数字孪生系统将具备持续迭代的设备预测能力；在智能决策层，在人工智能技术的支撑下，系统将自主生成设备维护策略优化方案，通过技术协同效应推动控制领域的深度变革。

5G 技术提供的低延迟、高带宽的传输网络和物联网多设备深度集成的能力，将赋予数字孪生更强的服务响应能力，真正实现数字孪生模型与物理实体的实时映射，推动设备管理从“事后分析”发展为“实时在线响应”，高效赋能设备的监控与运维。

此外，在未来，有关数字孪生技术的配套标准将进一步完善，异构系统之间的高效集成将成为可能，这将赋予数字孪生系统更强的交互能力，推动数字孪生技术向多个不同领域高效渗透，从而推动工业 4.0 的发展进一步纵深化。

随着工业 4.0 时代的到来，数字化转型与升级已经成为制造业领域发展的必然方向，而作为这场转型革命中的关键技术，数字孪生技术已然成为企业实现设备全生命周期数字化管理的赋能引擎。通过融合智能感知、云计算、数据分析等技术，数字孪生能够构建物理产线、物理设备的实时动态映射模型，从而提高企业设备管理的精度与深度，为企业形成高效率、高附加值、高质量的价值创造链条提供技术支撑。虽然当前其发展受到技术、安全、数据等方面的限制，但随着技术的深化发展，其在工业领域的价值将持续释放。

对于企业而言，应抓住数字孪生技术带来的发展契机，顺应技术潮流下的产业数字化、智能化转型趋势，积极进行相关部署，在技术研发、人才培养、基础设施建设等方面加大投入，以数字孪生技术为攀登点，及时抢占工业 4.0 时代的技术高地，于全球智造竞争中夺得先机。

5.1.4 中设智控：数字孪生设备管理系统

作为设备管理领域颇具影响力的国家级高新技术企业，中设智控成立于 1999 年，该企业基于企业设备资产综合管控 ACCM 体系理论提出的设备管理系统，为业界提供了数字孪生技术应用的优秀范式。

丰富的功能模块是该系统的亮点之一。该系统整合了采购管理、资产台账、维修管理、设备巡检、备件供应链等全流程功能模块，通过构建标准化的数字化管理平台，完整记录设备从采购建档、运行维护到报废更新的全生命周期数据，实现设备基础信息、技术参数、维保记录等核心资产数据的动态追踪与可视化呈现。

在技术应用上，该系统呈现出多技术集成的特点，其应用的技术包括 RFID（射频识别）、传感器等智能感知技术，大数据、云计算等云端系统技术以及数字孪生等数字化管理技术，实现了“高效感知—智能决策—高效管理”的闭环式管理。

在感知环节，通过 RFID 和传感器实时同步设备运行信息，完成设备运行状态描述参数的采集；在智能决策环节，使用云端平台的弹性计算能力实现海量数据的整合与分析，提供科学的控制决策；在高效管理环节，在数据流的支撑下构建设备三维可视化模型，配合智能算法对设备健康状态进行预测，为企业提供故障预警、性能优化等管理建议。

通过构建完整的数字化资产管理体系，实现多技术融合，该系统在企业的实际应用中优势明显，具体体现在以下方面：

① 推动形成高效的跨部门协同体系，打破企业业务的时空限制，实现科学的企业员工权限配置，保证企业跨部门、跨区域业务协同过程中的业务安全与组织秩序。

② 打破企业内部各部门之间的信息壁垒，实现数据要素在企业内部的高效流动，通过部门系统间的接口改造，实现 ERP、MES、财务等系统间的彼此接入，推动关联业务数据的实时共享，避免传统手动切换系统所导致的效率低下问题。

③ 形成设备全生命周期的闭环式管理模式，实现高效率的资产盘点。通过“二维码 +RFID”的混合识别技术，支持移动端扫码完成档案资料的快速调取，缩短日常资产的盘点、管理和巡检周期。

④ 实现企业设备的动态性优化运维，通过整合设备常规性运行信息，利用智能算法构建设备的周期性预测维护模型，为企业设备维护决策提供科学支撑。

以中设智控设备管理系统为某汽车制造企业的产线赋能为例，在引入中设智控设备管理系统前，该汽车制造企业产线管理混乱、设备故障率高，严重削弱了企业的价值创造能力。

引入中设智控设备管理系统后，该企业的各条产线实现了全环节的智能化管理，有效改善了上述情况。在数字孪生技术的支撑下，该系统构建了与物理产线保持动态同步的映射模型，利用传感器采集设备运行过程中的压力、振动、温度等数据，通过数据融合实现了设备运行状态的多维感知，并借助模型实现整个生产过程的可视化呈现。

通过数字孪生模型与大数据、云计算等技术的协同，系统具备设备预测性维护与异常预警能力。在一次预测中，系统成功通过运行参数分析检测到了某台关键冲压设备已处于临界失效状态，并及时将预警信息同步至运维人员终端，维修人员在故障干预窗口期内及时完成磨具检修与更换工作，有效避免了故障继续发展，间接挽回了高达数百万元的停机生产损失。

在设备维护方面，数字孪生技术的应用极大地提高了维护的精细化程度，根据设备运行实际为设备量身定做维护计划，实现了对设备维护需求的动态灵活响应。例如，通过设备数字孪生模型推演设备的劣化趋势，结合设备的实时监控数据弹性预测设备的维护节点，从而解决了传统的设备定期维护需求对接不精准的问题；动态调节不同类型设备的运维方案，如提高易故障设备的维护频率等，能够实现设备运维资源的灵活配置。

此外，数字孪生模型还能提供良好的工程验证条件，通过多维数据的感知、采集与分析，辅助搭建支持多种验证的虚拟测试平台，从而实现产品设计和迭代方案的模拟仿真验证，缩短验证周期，避免反复试制造成的成本损失。

5.2 基于数字孪生的设备 PHM 系统

5.2.1 传统工业设备 PHM 的主要方法

在工业技术和信息技术持续进步的背景下，各行业领域的装备呈现出复杂化、集成化、智能化的发展趋势。其中，复杂度的增加为装备带来了诸多负面影响，抬高了设计、制造、运维等各个环节的成本，并且导致装备更易出现故障、性能衰减、功能失效等问题。因此，如何准确评估和预测复杂装备的状态、对装备实施有效的健康管理，成为装备领域备受关注的话题。同时故障预测和健康管理（prognostics and health management，PHM）系统逐渐进入人们的视野，在复杂装备应用和管理中的作用日益凸显。

PHM 的故障预测指基于系统或部件的当前或历史状态预测其性能，如剩余使用寿命、工作续航时间等；健康管理则是结合设备的故障预测信息和装备使用需求，基于现有的维修资源制定维修计划，并开展相应的维修活动。

PHM 的流程如图 5-1 所示，主要环节有数据采集、数据预处理、数据传输、特征提取、状态监测、故障诊断、故障预测、保障决策，此外整个流程中还需多次进行数据融合。

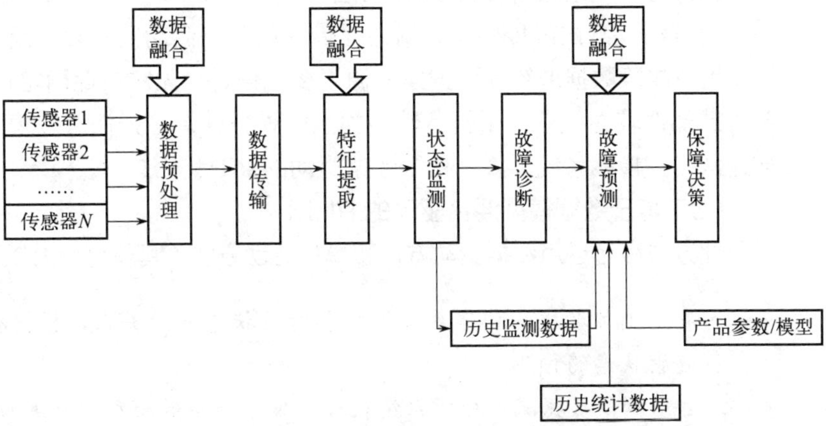

图 5-1　故障预测与健康管理流程

综合传感器数据、专家知识等各类信息数据，在智能算法和推理模型的协助下监控装备运行，执行装备的分析、预测、调节等各项操作，根据装备状态开展实时智能维护，相较于事件驱动的事后维修和定期维修，实时维护能够更加及时有效地处理装备故障，避免或降低故障产生的负面影响。为达到这一效果，PHM 系统需具备较强的故障处理和健康管理能力，同时能够根据装备类型和复杂度执行分级操作，以适应不同的装备管理需求。

传统的 PHM 方法有以下三类，如图 5-2 所示。

（1）基于模型的 PHM 方法

如果采用基于模型的 PHM 方法，则对象系统须拥有已知的数学模型。借助此方法可掌握预测对象的故障模式过程，根据对象功能的衰减情况评估其零部件损耗，并分析生命周期内部件故障的累积情况，而后基于物理

图 5-2　传统的 PHM 方法

模型和随机过程模型估算部件剩余使用寿命。此方法的优点在于能够从本质层面深入考察对象，并且具备实时故障预测能力。

（2）基于数据驱动的 PHM 方法

此方法以测试或传感器数据为凭借开展预测活动，主要适用于以下场景：历史故障数据或统计数据集来源于多个信号，无法由此确定预测模型；系统或部件较为复杂，不具备数学模型建模条件，也无法获取模型。人工神经网络、模糊系统都属于基于数据驱动的 PHM 方法。

（3）基于数据模型混合驱动的 PHM

此方法综合运用数据驱动方法和模型驱动方法，具体可分为以下四类。

- 基于测量数据，构建系统模型和健康状态间的关系，根据模型进行健康状态的预测。
- 运用测试数据深入分析系统机理，建立相应的模型以开展预测分析。
- 采用模型驱动方法时，如果预测周期较长，则测试数据的可用性可能受到影响，针对此问题运用数据驱动方式分析测试数据，确保测试结果的准确性。
- 采用数据驱动和模型驱动两种方法做出预测，而后融合预测结果并加以分析，得到最终结果。

以上方法存在一定的局限性，包括过于依赖专家系统规则库、历史数据需求量大、静态数学模型优化难度高等，对此可借助数字孪生技术加以解决。

PHM 发挥作用离不开大量的数据分析和准确的健康判断，获取数据和做出分析同样重要。PHM 的有效应用需要多方面的支持，包括物理基础、大数据分析技术、行业知识及经验、模型等。

数字孪生技术将物理实体设备映射到虚拟空间中，获得物理实体的真实准确的模型，并且实时采集设备运行数据。在模型和数据的共同驱动下，数字化模型得以全面地反映物理实体的各项信息，包括运行状态、性能表现、故障信息等，可为PHM的应用提供重要支撑。

5.2.2 数字孪生在PHM系统中的应用

对于数字孪生驱动的PHM而言，孪生数据是其运行和应用的主要依仗。建立物理实体装备的数字孪生模型，实现模型和实体间的交互映射，而后再引入PHM服务，可以构建装备运行管理模型，以实现故障识别诊断、维护策略制定等功能。

虚拟装备和物理装备同步运行的过程中会产生各类数据，包括装备运行状态、故障信息等。基于虚实映射，数字孪生驱动的PHM可从物理空间中采集实时数据，进行信息模型的更新修正，以对装备状态做出实时性的准确评估，预测装备的性能表现、健康趋势、剩余使用寿命等。

（1）高保真建模技术

高保真建模技术由概念模型和模型实现方法两部分组成，是数字孪生技术应用的重要倚仗。概念模型是对数字孪生系统架构的宏观呈现，包含多种通用性的数字孪生建模方法，如自动模型生成和在线仿真建模、模型融合建模、五维模型建模等。

模型实现方法包含建模语言和模型开发工具，是数字孪生模型投入应用的必要技术保障。

目前常用的数字孪生建模语言有AutomationML、UML、SysML、XML等。在建模工具方面，通常使用FlexSim、Qfsm等专用工具开发模型，有的模型开发也使用通用工具，如CAD等。数字孪生模型需保持较高的参数精准度以及与物理实体的融合程度，并在满足功能需求的同时采用轻便简洁的设计，以保证其效率和应用效果。

（2）传感与物联技术

借助物联网技术实现虚拟装备和物理装备的互联互通，而后通过传感器、定位系统等设备采集物理装备的实时数据，并运用5G等通信技术将数据传至数据模型和机理模型，以用于建模分析。最后，根据建模分析结果形成决策指令，发送至物理实体装备处，以进行装备的故障预测和健康管理。

（3）高效融合分析技术

装备数字孪生数据规模大，且涉及多个尺度和维度，对此需利用数据融合技术实施有效的数据管理，提升数据资源的利用效率，充分发挥数字对决策的驱动作用。将专家系统、深度学习等方法应用于故障预测，在识别装备故障时运用虚拟数据与实测数据相结合的方法，降低用于数据采集的时间和成本；在装备的健康管理方面，基于设备数据建立健康评估模型，制定合理的健康管理策略，确保设备处于良好的健康状态。

对比传统 PHM，数字孪生驱动的 PHM 在直观性、可信度、自主性方面具备优势。不过，数字孪生技术毕竟还属于新兴技术，其在装备 PHM 中的应用有待进一步探索和推进。就故障预测而言，基于数字孪生的 PHM 需关注故障特征识别问题，利用虚实映射精准识别和提取故障特征，提高故障预测的准确度；就健康管理而言，需深入研究故障的机理，据此制定有效的健康管理策略，此外还需建立完善的知识库，用于 PHM 服务的持续优化。

5.2.3 基于数字孪生的 PHM 实现路径

生产线设有多个工位，涉及多种工艺，所生产的产品在结构上也有差异，因此生产线的信息数据较为复杂，且随时可能出现突发情况。考虑到以上因素，须基于数字孪生技术构建生产线预测模型，通过采集分析产线数据实时掌握设备运行状态，对设备故障做出准确的诊断和预测，并采取及时有效的处理措施，从而减少设备损耗，节省设备维修成本，提升资源利用效率和生产效率。

（1）模型驱动的数字孪生体初始模型构建

在模型的驱动下建立物理实体设备的初始数字孪生模型，模型中包含物理模型、性能模型、局部线性化模型三类模型，分别对应设备的物理结构、实时性能表现和控制系统。

数字孪生模型的各类模型间呈现出前后递进的关系。构建数字孪生模型首先需要建立几何模型，而后借助综合建模技术建立高真实度的物理模型，不过模型真实度的提升会产生更多的细节数据，并拉长迭代周期，如此模型便无法有效地发挥监测和诊断的作用。针对这一问题，需对模型实施维度缩放操作，获取精确度更高的部件特性信息，并借助部件级降维建模法建立设备的低维性能数字孪生模型。最后，基于低维性能模型的运行状态，构建局部线性模型，用于设备的控制优化。

（2）模型驱动与数据驱动融合数字孪生模型构建

依托初始数字孪生模型，融合虚拟空间采集到的物理实体数据，建立运维数字孪生模型，赋予数字孪生模型以行为特征。模型驱动与数据驱动融合数字孪生模型的构建步骤如表 5-4 所示。

表 5-4　模型驱动与数据驱动融合数字孪生模型的构建步骤

序号	构建步骤
1	综合设备实时数据和性能模型得到自适应模型，该模型能够针对不同的运行环境和设备性能完成自适应，从整体和局部层面监测设备状态
2	分析设备的历史故障数据和维修数据，从中总结设备的故障模式，并将其应用于物理模型和性能模型，建立数字孪生故障模型，作为设备故障诊断和维护的辅助工具
3	将历史数据引入性能模型，构建数字孪生性能预测模型，用于评估预测设备的性能表现
4	基于局部线性模型构建数字孪生控制优化模型，该模型能够呈现装备物理实体的多种行为属性，可用于实时监测装备运行状态，并对装备执行故障诊断和性能优化操作

首先采集同批次设备的故障和维护数据，通过数据分析归纳故障模式，并应用于数字孪生初始模型。其次实时采集设备运行数据，结合数据和故障模式给出设备的故障预测。最后综合性能模型与故障数据得到故障诊断数字孪生模型。数字孪生模型将设备参数作为故障诊断的重要依据，如果监测到设备的速度、温度、振动频率等参数偏离正常区间，则数字孪生模型会及时发出报警信息。另外，运用之前引入的同类设备故障模式，模型可采用模式匹配的方法来诊断设备故障，将设备参数的测量结果与故障模式相对照，以确定设备故障类型。

设备的性能预测需用到设备历史数据和基准模型，长期使用会造成设备性能衰减，因此可以借助传感器采集设备实时数据，同时查看设备的历史运行数据，以对设备性能做出准确预测，估算设备的性能衰减情况。基于设备故障数据构建数字孪生性能预测模型，在做出性能预测之前，模型需要先完成参数设置、样本搭建、评估指标设定等准备工作。借助性能预测模型能够准确掌握设备的性能状况，并据此识别设备故障，采取相应的维修措施。

运用模型驱动和数字驱动相结合的方法，建立故障诊断数字孪生模型。在这一过程中，先使用模型驱动方法建立初始模型，而后运用数据驱动方法在初始模型中加入数据，赋予模型实时监测、故障诊断、性能优化等行为属性。

（3）数字孪生模型下的设备故障预测实现步骤

基于数字孪生模型的设备故障预测的实现共分为五个步骤，如表 5-5 所示。

数字孪生系统从物理实体设备处获取运行状态等实时数据，并且两者的映射交互将持续生成新的数据，如故障识别结果、故障预测结果、维修计划等。结合以上实时数据与现有孪生数据，服务系统可准确评估设备运

表 5-5 数字孪生模型下的设备故障预测实现步骤

实现步骤	具体内容
仪器设备的搭建	借助可视化手段呈现仪器设备，实时监控设备运行，根据设备信息制定相应的故障诊断策略
数据采集与处理	借助通信接口采集数据，并为数据通信设立统一的标准，以完成各接口的转换和封装，进而实现多源数据的融合，以便于后续使用
模型的建立与融合	在虚拟空间中完整反映物理实体装备，构建设备的数字孪生模型。考察几何、物理、行为、规则各类模型间的关联，完成多维度模型的融合，最终得到设备的三维可视化模型
数据的融合	对实体设备数据实施去噪处理，并完成数据的建模；而后划分模型数据的类别并开展数据分析；最后，融合实体设备数据与模型数据，保持两个维度数据的交互和同步，从而将实体设备的运行状态全面真实地映射到虚拟空间中
故障预测	基于实体设备与数字孪生模型间的映射实时监控装备运行状态，进行设备故障的检测、分析、预测

行状态，及时识别设备的故障，分析故障出现的原因，并制定针对性的维修方案，将故障的影响降到最低。

5.3 设备数字孪生就绪度和成熟度评估

5.3.1 设备数字孪生要素与实施路径

数字孪生技术在工业领域发挥着至关重要的作用。从实际应用上来看，数字孪生技术主要应用于智能设备、智能生产线和智能工厂。在智能设备层面，其应用范围较广，发展速度较快。在制定设备数字孪生规划的过程中，工业企业需要先明确数字孪生系统改造条件，确定实施目标，构建评估指标体系，划定数字孪生改造范围，选择合适的设备厂商和系统开发商，并在此基础上展开事前评估工作，根据实际评估情况规划数字孪生系统实施路线图，明确实施要素，根据评估指标进行事后评估，并据此改进和优化实施方案。

在搭建工业设备数字孪生评估指标体系的过程中，应先梳理工业设备数字孪生系统总体架构，明确各项相关实施要素，充分把握包含物理实体、虚拟实体、服务、孪生数据和连接五部分的数字孪生五维模型，针对生产要素、生产过程和生产系统构建相应的模型，打造全要素、多维度、多尺度的数字孪生实体模型，确保数字孪生模型的一致性。

在工程应用方面，工业设备数字孪生系统总体架构主要由物理空间、虚实交互和数字空间三部分构成。其中，数字空间可进一步划分出多项具体要素，如孪生数据、机理模型、分析 / 仿真 / 决策算法和智能应用等。

（1）工业设备数字孪生系统的核心要素

具体来说，工业设备数字孪生系统主要具有六项核心要素，如图 5-3 所示。

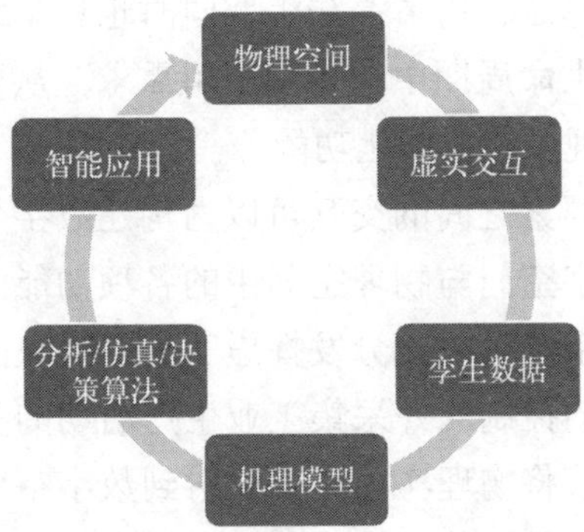

图 5-3　工业设备数字孪生系统的核心要素

① 物理空间。在工业设备数字孪生系统中，物理空间的主体是设备。与传统设备相比，其设备的传感系统具有更高的完整性，可以采集状态信息，也可以与虚实交互层连接，为各项具体应用提供支撑。同时还拥有执行功能，能够响应系统中智能应用的各项决策和控制指令。

② 虚实交互。虚实交互主要由数据采集、网络连接和边缘控制等构成，可以将物理空间中的传感系统所采集的各项动态数据映射到数字空间当中，实现同步采集不同传感器数据，网络接入不同传输协议的多源异构数据，以及对各项决策和控制指令的边缘控制。

③ 孪生数据。孪生数据可分为多种类型，如工业设备状态数据、孪生机理模型仿真数据等。一般来说，孪生数据中蕴含着大量特征信息，可以为构建机理模型提供支持，同时也可以与机理模型交互，并与分析、决策、仿真等智能化算法协同作用，共同为智能应用发挥作用提供支持。从实际应用的角度上来看，在处理孪生数据时，需要对多元数据和多维度数据进行秩序化处理，存储大量相关数据，并实现对显性特征和隐性特征的映射。

④ 机理模型。机理模型包含工业设备中各个控制系统的几何、物理、行为和规则信息，可以以模型化的方式表现物理空间中的各项设备及其运行环境的组成关系、运行机理和各层级属性，进而集成多个领域的各项相

关内容，掌握多项相关信息，从不同的层级展开表述，并实现动态更新和数据驱动等功能。

⑤ 分析 / 仿真 / 决策算法。分析 / 仿真 / 决策算法可以封装和组织数据处理算法、模型求解 / 优化 / 一致性保持算法和各项基础应用算法等多种常用算法，为各项智能应用的落地提供强有力的支持。

⑥ 智能应用。智能应用中集成了大量算法和数据，如孪生数据、分析算法、决策算法、仿真算法等，同时也具备综合机理模型，可以满足工业设备在整个生命周期中的各项应用需求，从而提高工业设备的智能化程度，支撑其实现多种智能化功能。

各项实施要素之间的交互可以为构建数字孪生系统提供支持，如虚实交互可以为数字空间与物理空间中的各项功能的升级迭代提供支持。工业设备数字孪生系统可以充分发挥虚实交互模块的作用，利用感知和反馈功能实现对通路的控制，并采集工业生产活动的各项真实数据和智能应用的反馈控制指令，将物理实体准确映射到数字空间当中，促进物理实体与虚拟实体融合，实现智能反馈控制，以便为整个工业生产过程中的各个环节提供支持。

（2）工业设备数字孪生系统的实施路径

工业设备数字孪生系统实施需要融合多种技术，实现各个实体和部门之间的相互协同，具有一定的复杂性。在制定实施方案的过程中，应明确实施路径，依次完成目标制定、差距分析、设计与实施、后评价、优化改进等工作。具体来说，工业设备数字孪生系统实施路径如图 5-4 所示。

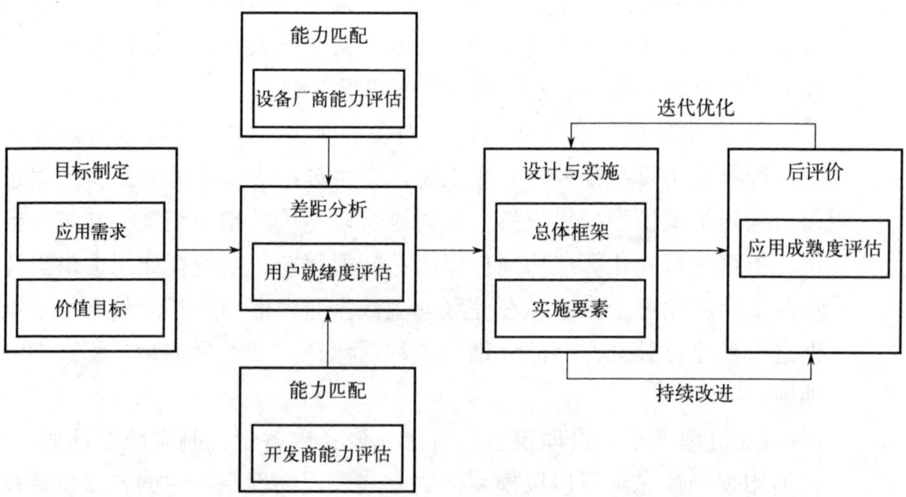

图 5-4　工业设备数字孪生系统实施路径

与此同时，工业设备数字孪生系统实施还要明确价值实现的目标，加强技术支撑，积极达成各项实施条件，并通过成熟度评估等方式，根据总体架构、实施要素和应用需求落实各项工作，从而充分保证所获得的价值符合预期。

工业设备数字孪生系统的评估指标体系包含实施条件成熟度评估指标体系和应用成熟度评估指标体系，可以实现对实施条件和应用两个维度的评估。具体来说，评估指标体系通过可量化的方式衡量数字孪生系统，并借助评估来保证项目可落地，其中，实施条件成熟度评估指标体系可用于评估实施前的条件；应用成熟度评估指标体系可用于评估数字孪生的应用现状。

5.3.2 用户数字孪生就绪度评估指标

在工业设备数字孪生系统的各项应用落地的过程中，工业设备用户既是应用对象，也是推动主体，工业设备生产商和数字孪生系统开发商需要向其提供相应的服务，三者之间需要互相协同，共同推动应用落地。

从评估指标体系方面来看，工业行业应以工业数字孪生总体架构的实施要素为评估目标，明确实施主体的管理要素，并在此基础上根据工业设备用户、工业设备生产商和数字孪生系统开发商的实际情况确定各项相关指标，构建包含数字孪生就绪度评估指标、数字孪生服务能力评估指标和数字孪生开发服务能力评估指标的指标体系，支撑企业顺利完成对数字孪生实施路线的规划、对实施基础的评估以及对实施基础差距的分析，助力企业制定切实可行的实施方案。

当工业企业升级生产线或新增生产线 / 工业设备时，可以构建和应用工业设备用户就绪度评估模型，并在明确应用需求的前提下与工业设备生产商和数字孪生系统开发商展开合作，从基础设施和管理能力两个维度评估工业设备用户数字孪生就绪度，找出自身在数字孪生系统实施方面的不足。具体来说，工业设备用户数字孪生就绪度评估指标如表 5-6 所示。

表 5-6　工业设备用户数字孪生就绪度评估指标

一级指标	二级指标	三级指标	评估要点
基础设施	设备基础	数字化模型完整性	设备数字化模型的完备性，数字模型与物体实体的一致性，数字模型与物理模型交互的完整性等因素
		传感系统完整性	设备的关键参数能够被感知获取的程度
		控制接口开放性	设备控制接口的开放程度，以及能够接收并执行控制指令

续表

一级指标	二级指标	三级指标	评估要点
基础设施	网络基础	网络覆盖程度	网络覆盖拟实施数字孪生系统的人机料法环等要素的程度
		数字化传输能力	网络支持数字化信息（包括但不限于视频、音频、图片、文本、数据等）传输的能力
		网络融合能力	有线网和无线网、局域网和广域网、工厂内网和工厂外网等网络融合服务能力
	信息系统基础	系统覆盖层级	已有信息化系统的覆盖层级和颗粒度（包括零部件级、设备级、产线级、车间级、工厂级、生态级等），以及已有信息化系统对拟实施数字孪生系统的支撑能力
		系统集成程度	已有信息化系统之间的互通互操作能力，技术和平台整合能力，以及系统的开放共享、可扩展、可兼容等可集成能力
	安全基础	信息安全能力	物理安全、网络安全、数据安全、操作安全等能力
		系统运行安全	相关信息化系统本身安全运行的能力，尤其是保障设备安全运行的能力
管理能力	制度保障	数字孪生战略	用户企业是否具有工业设备数字孪生战略规划类文件，相关文件支撑覆盖数字孪生系统实施的程度
		资金投入	用户企业是否具有足够的资金用于支持数字孪生系统建设及运营
		管理制度	用户企业是否具有完备的管理制度保障数字孪生系统建设及运营
		技术规范	用户企业是否具有完备的技术规范保障数字孪生系统建设及运营
	组织保障	组织保障能力	用户企业是否建立了完备的、分工明确的组织机构，且具有完善的内外部沟通协调、资源调度机制，用于保障数字孪生系统建设及运营
	人员保障	管理人员能力	用户企业管理人员是否具备与数字孪生系统建设和运营匹配的组织协调、进度管理、成本管理、质量管理、风险管理等综合能力
		技术人员能力	用户企业技术人员是否具备与数字孪生系统建设和运营匹配的业务知识、信息化知识等技术能力
		生产人员能力	用户企业生产人员是否具备与数字孪生系统建设和运营匹配的设备及信息化系统操作能力
		外部人员支持	用户企业是否具备外部生态人员支持以弥补自身人员能力短板

5.3.3 设备生产商服务能力评估指标

对用户企业来说，可以充分发挥工业设备生产商数字孪生服务能力评估模型的作用，在明确应用需求的基础上从不同维度评估工业设备生产商的数字孪生服务能力，了解工业设备生产商在基本能力、技术能力、管理能力和交付能力方面的实际水平，以便根据项目目标和自身实际情况选择合适的工业设备生产商。具体来说，工业设备生产商数字孪生服务能力评估指标如表 5-7 所示。

表 5-7　工业设备生产商数字孪生服务能力评估指标

一级指标	二级指标	三级指标	评估要点
基本能力	信用要求	信用等级	服务商的信用等级是否能够保障设备的上线、运维和更新
	资质要求	主体资质	服务商是否具有必备的企业经营资质和行业能力资质等
		研发成果	服务商是否具备与设备数字化相关的研发成果
	综合要求	财务状况	企业财务状况的健康程度
		研发投入	服务商对设备研发的投入情况，尤其是设备数字化方面的投入
技术能力	数字化设计	设计深度	设备数字化模型设计与物理实体的一致性、设备特性表征程度、设备运行仿真程度等
		设计广度	设备数字化模型设计覆盖设备全生命周期的程度（包括设计、制造、运行、维护、报废等环节），以及与其相关系统综合仿真设计的程度
	数字化集成	感知系统接入能力	设备关键参数能够被感知获取的程度
		决策指令执行能力	设备控制接口的开放程度，以及能否接收并执行控制指令
	数字化交付	数字模型交付能力	能够反映设备物理特征、运行特性、故障机理的数字模型的可交付性
		接口文档完整性	设备数字化模型及相关系统的接口文档的完整性
	数字化运维	远程运行参数优化推送	服务商支持设备运行优化及远程推送设备运行优化参数的能力
		远程健康管理	服务商开展远程监控、远程诊断、远程维护等设备健康管理的能力
		产品迭代改进	服务商进行同类型设备技术迭代和产品升级的能力
		全生命周期跟踪能力	服务商对设备设计、制造、运行、维护、报废等全生命周期跟踪服务的能力

续表

一级指标	二级指标	三级指标	评估要点
管理能力	组织保障	组织保障能力	服务商是否建立了完备的、分工明确的组织机构，且具有完善的内外部沟通协调、资源调度机制，用以保障设备的研发设计、生产制造、运行维护，尤其是设备数字化方面
	人员保障	研发人员能力	服务商研发人员是否具备与设备及其数字化匹配的研发设计能力
		生产人员能力	服务商生产人员是否具备与设备及其数字化匹配的生产制造能力
		服务人员能力	服务商服务人员是否具备与设备及其数字化匹配的交付和运维能力
	制度保障	研发管理制度	服务商是否具有完备的研发管理制度保障设备及其数字化的研发设计
		生产管理制度	服务商是否具有完备的生产管理制度保障设备及其数字化的生产制造
		服务管理制度	服务商是否具有完备的服务管理制度保障设备及其数字化的交付和运维
		技术规范完整性	服务商是否具有完备的技术规范保障设备及其数字化的技术交付，并支持与其他系统集成实施
交付能力	项目经历	相关项目经历	服务商参与类似项目的数量、规模、成效，以及支持本项目实施可复用的经验
	履约能力	交期和质量保证	服务商承诺完成交付的周期和质量
	培训指导	培训专业性和完整性	培训方案的完整性以及培训课程的专业性
	售后支持	运维支持	提供运维服务的技术能力和响应时效，以保障设备的长期稳定运行
		迭代升级	配合其他相关系统迭代升级的支持程度

5.3.4 系统开发商服务能力评估指标

工业企业需要充分发挥数字孪生系统开发商评估模型的作用，从基本能力、技术能力、管理能力和交付能力四个维度对工业设备数字孪生系统开发商展开评估，以便根据评估结果和自身实际情况选择合适的数字孪生系统开发商。具体来说，工业设备数字孪生系统开发商服务能力评估指标如表 5-8 所示。

表 5-8 工业设备数字孪生系统开发商服务能力评估指标

一级指标	二级指标	三级指标	评估要点
基本能力	信用要求	参考表 5-7 工业设备生产商数字孪生服务能力评估指标	
	资质要求		
	综合要求		
技术能力	建模仿真	建模宽度	数字孪生模型模拟反映物理空间的范围及深度，包括空间和时间两个维度
		模型更新修正	模型根据业务场景可更新、可裁剪、可扩展、可重构的灵活性程度和便捷程度
		模型可移植	模型的一致性和标准化程度，新建模型与原有模型的兼容程度，以及模型组件的可复用程度
		模型保真度	数字孪生模型与物理实体的一致性，即表征物理实体静态和动态属性参数的精准程度，以及模拟物理实体及其运动机理的准确程度
		模型求解	模型与物理实体运行的拟合程度，预测未来运行状况的准确程度，模型参数对输入变量的敏感程度，模型求解的实时性
	智能感知控制	感知接入	感知获取设备关键参数的程度
		闭环控制	实现闭环控制策略的合理性及适应性，控制行为的实时性、精准性和安全性
		边缘计算	运用云边端协同处理技术实现数据高效处理分析，支持实时监控、预测、优化的程度
	数据集成融合	数据融合	针对多源数据、多模态数据进行融合分析、综合处理的能力
		数据价值挖掘	数据分析挖掘的深度，工具和技术的先进性，以及对用户决策和价值创造的贡献程度
		数据标准	数据的一致性和标准化程度，以及支持异构数据整合转化的能力
		数据安全	建立完备的数据安全标准与策略，覆盖数据访问授权、分类分级、监控数据访问、安全审计、风险防控等数据安全管理工作的程度
		数据全生命周期管理	实现对数据全生命周期管理的程度，包括数据采集、存储、处理、分析、退役等环节
		算法支持	数据对主流算法的支持程度，是否能够满足模型构建、优化、分析、预测等需求

续表

一级指标	二级指标	三级指标	评估要点
技术能力	服务应用	信息可视化	信息呈现的完整性、准确性、美观性、可扩展性等
		智能分析	实时反映正常 / 异常工况，并分析异常原因，实现对设备及其业务现有状态数据分析的全面性和准确性
		智能预测	预测正常 / 异常工况，并分析异常原因，实现对设备及其业务未来状态数据分析的全面性和准确性
		辅助决策	通过模拟仿真和分析预测，为用户提供决策支持的程度
		人机交互	交互页面的友好性，交互任务执行的准确性
管理能力	组织保障	参考表 5-7 工业设备生产商数字孪生服务能力评估指标	
	人员保障		
	制度保障		
交付能力	项目经历	参考表 5-7 工业设备生产商数字孪生服务能力评估指标	
	履约能力		
	培训指导		
	售后支持		

在使用工业设备数字孪生系统时，企业需要从自身实际情况出发，对系统进行扩展或裁剪，使其符合自身需求。在工业领域，企业可以评估工业设备数字孪生系统就绪度和成熟度，根据自身实际情况和评估结果选择合适的设备生产商和系统开发商，获取所需服务，并持续优化各个薄弱点，弥补当前的不足。与此同时，设备生产商也可以根据工业设备厂商服务能力成熟度评估指标对设备进行数字化升级，增强设备的数字化能力，提高设备的竞争力；系统开发商可以根据工业数字孪生系统开发商服务能力评估指标进一步优化服务，推动服务向引导式的方向转化，并根据评估结果提前制定相应的开发方案，保证方案的科学性和合理性，在开发过程中不断调整，在完成开发工作后量化评估实施结果，持续提升数字孪生系统实施水平，以便为客户带来更大的价值。

第 6 章

数字孪生与工厂物流

6.1
智能工厂物流的规划与构建

6.1.1 智能工厂物流的战略价值

“有效运营”是智能工厂建设的导向，这对于企业经营战略的贯彻落实具有重大意义。物流运营是智能工厂建设的重要组成部分，面对智能工厂物流运营，首先需要完成认知升级，即充分认识到其价值和作用。

智能工厂物流运营由多个环节组成，包括物流的规划、实施、调控、评价、优化等，运营目标是建立完善的物流体系，提升物流运行效率，保障物流稳定性。

许多制造企业对于物流的认知存在偏差，认为物流技术含量低，无须过分钻研和过多投入。但实际上物流运营会对企业经营状况产生重要影响，更是智能工厂建设成果的决定性因素，物流方面的短板会严重制约一家企业的整体发展。

通常来说，企业的经营水平会在净利润、投资回报率、现金流三项数据中得到较为充分的反映，物流运营将通过这三项数据影响企业的经营水平。工厂物流运营直接影响库存资金的周转，而库存资金又与现金流关系密切，如果库存资金累积过多，现金流就会受到压缩，同时物流运营还与应收和应付账款的周转有关，这同样会影响企业现金流。企业的净利润和投资回报率取决于运营成本、交付能力、单位时间产出等因素，这些因素也会受到物流运营的影响。

企业战略管理有“5-3-1”法则，具体来说即考虑到 5 年内的状况，制定近 3 年的战略规划，并在 1 年内做出实际行动。作为企业战略的组成部分，物流战略也要遵循这一法则。企业应制定清晰的物流战略，明确自身要培育的物流能力以及想要达到的物流目标，不断提升物流方面的竞争力。企业的各个层级和部门要在物流战略的引领下展开统一行动，共同促成目标的达成。

经营绩效是智能工厂的关键指标，会在很大程度上受到物流战略绩效的影响。因此，在关注包装、搬运、自动化程度等基础物流操作及指标的同时，企业还要重点关注物流战略绩效指标，将该指标与企业的核心竞争力联系起来，赋予其关键经营指标的定位。订单准交率、库存周转率、物流成本、客户评价等都属于物流战略绩效指标。

如今，制造企业的物流模式正在发生变化，对应精益化、数字化、智能化分别形成了三种新的物流范式，如图 6-1 所示。

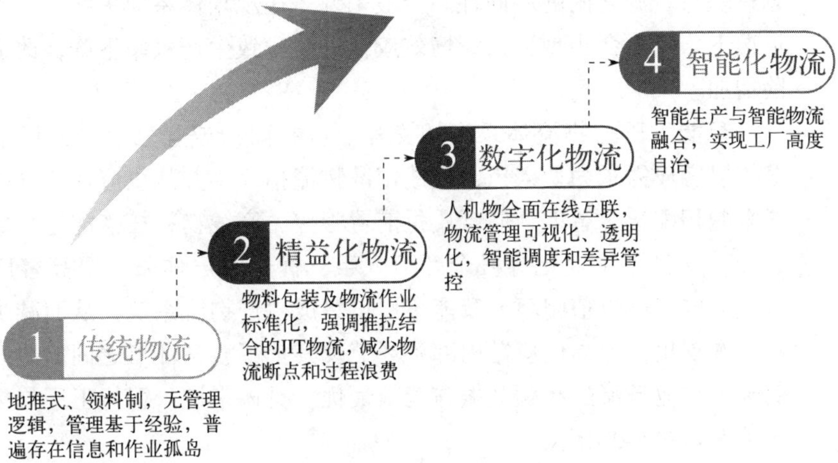

图 6-1　制造企业物流模式迭代

数字化物流自精益化物流发展而来，智能化物流自数字化物流发展而来，是当前物流运营管理的最终范式。智能化物流在人与机器、机器与机器之间建立起协同关系，旨在提升交付效率，节省物流成本。在智能工厂的实践中用户应该依照实际需要确定智能化物流的应用范围，全面应用并非必然选项，并且智能化物流的特征不是固定不变的，会受到场景和阶段的影响。智能工厂会在使用智能化物流的同时引入精益化物流和数字化物流，而智能化物流也会出现在精益化工厂和数字化工厂中，总之三种范式共存于同一工厂是很常见的情况。

6.1.2 智能工厂物流的体系框架

在智能制造领域，生产单元是物流网络的核心节点，应与智能化供应链深度耦合，并在以供应链价值为导向的基础上，共同打造包含工厂、车间和产线三个层级的生产环境，不断优化运行规则。智能工厂的物流系统相当于整个供应链的神经网络架构，具有资源整合和促进端到端业务流协同的作用，可以为制造企业精准响应市场需求提供强有力的支持。

在工厂全生命周期管理过程中，从顶层设计到工程实施阶段，应以客户价值创造为核心，集成空间规划、工艺布局、智能装备部署、业务流程重构、数字技术融合等多项内容，充分保证各个生产环节的战略协同性、系统鲁棒性、运营敏捷性和管控标准化，提高各规划层级的一致性。由此可见，智能工厂物流规划应从物流入手，明确提高工厂整体效能的目标和制造目标，并根据制造目标确定资源配置方案和物流步骤，充分保证各规划模块与资源之间的协同性。一般来说，在规划体系缺失物流管理视角的情况下，可能会出现运营熵增效应，进而导致生产效率下降，改造投资风险增加。

智能工厂与物流体系密切交互，可共同构成互相协同的订单履约引擎，以客户需求为切入点，生成精准物流指令，并从供应商协同排产、原料采购和配送、智能仓储含质量前置管控、产线物料按需配送、成品智能仓配、交付路由优化等多个环节入手，优化客户体验，提高客户的满意度，形成客户价值闭环。智能工厂可集成生产物流系统，从而减少厂内运营成本支出，提高供应链内部各环节及其上下游各环节之间的协同性，确保全链路业务流的高频共振与能效最优。具体来说，智能工厂与物流体系的关系如图 6-2 所示。

智能生产系统是供应链的核心节点之一，可深度融合智能装备与物流网络，充分发挥物流在生产过程中的引导作用。在智能生产领域，智能工厂可基于信息物理系统（CPS）构建虚实双向闭环，集成信息流与物料流，并向产线执行单元实时传输需求信息，充分保证各环节响应的高效性和执行的精准性，提高制造系统的能效和灵活性，驱动制造系统向客户价值内生型架构的方向升级。

智能工厂物流体系可构建以价值流为核心的全域集成架构，全方位集成和优化各项物流活动，并增强物流支撑系统的支撑能力，为企业的战略解码、业务规划和实现绩效目标提供强有力的支持，并提高制造执行系统（MES）与供应链管理（SCM）系统之间的协同性，充分保证业务的敏捷性和交付的可靠性。

智能工厂物流系统架构主要由智能采购物流、智能生产物流、智能成品物流和智能逆向物流四个功能模块构成，可以在智能物流中枢平台的支持下，集成算法驱动的多项功能，如计划排程、多系统协同、柔性策略配置、全息监控看板、数据决策优化等，并综合运用自动导向车（AGV）集群调度和数字孪生等多种先进技术，构建端到端自主协同的物流网络，充分保证工厂物流的高效性。具体来说，智能工厂物流体系的基本框架如图 6-3 所示。

智能入厂物流聚焦从供应商到工厂的端到端效能提升，通常包含数据交换、数据集成、物料需求与到货时间匹配、预约收货与到货通知、数据透明化与智能车队调度、包装优化与智能化、第三方物流服务高效协作、

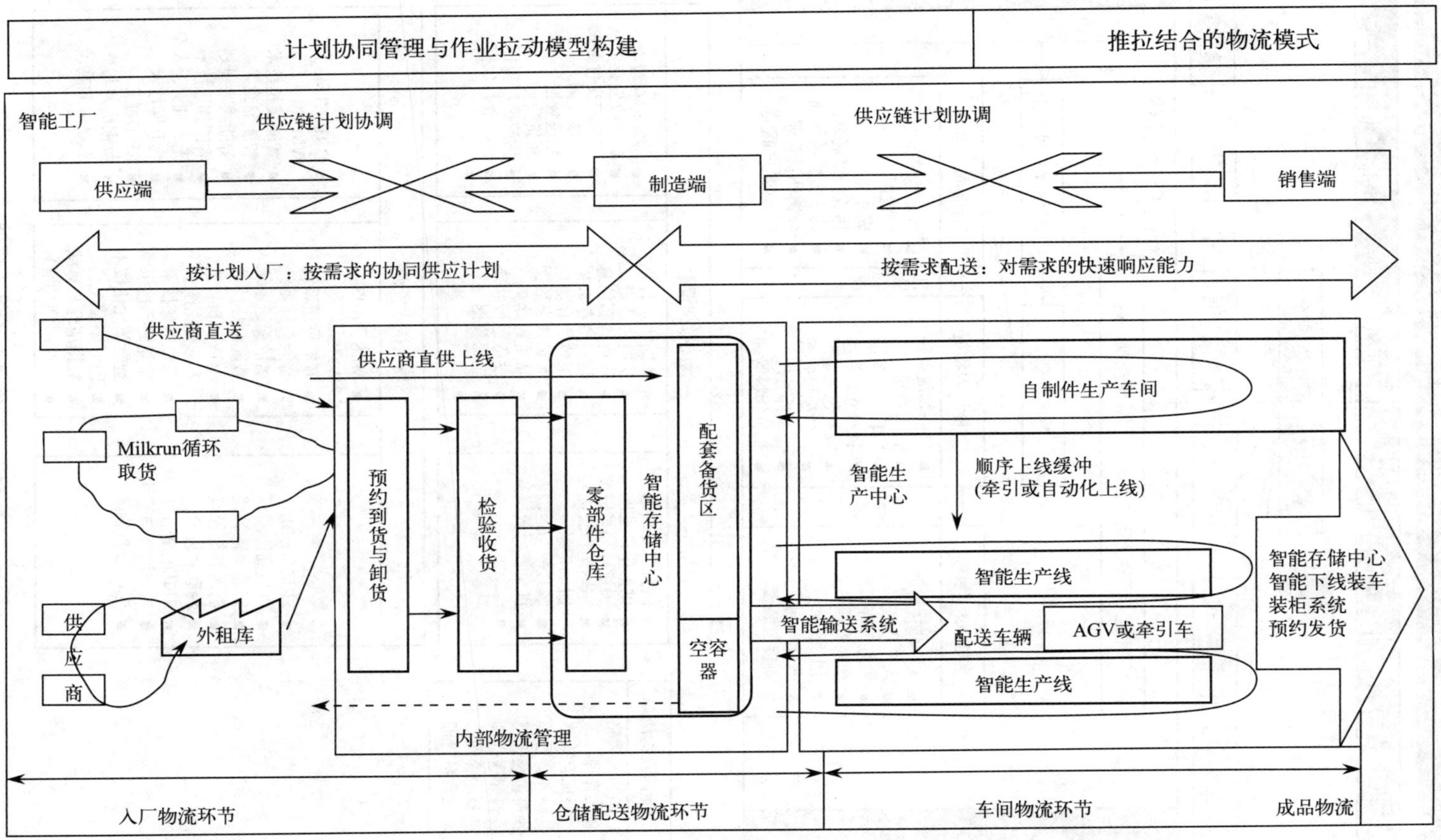

图 6-2　智能工厂与物流体系的关系

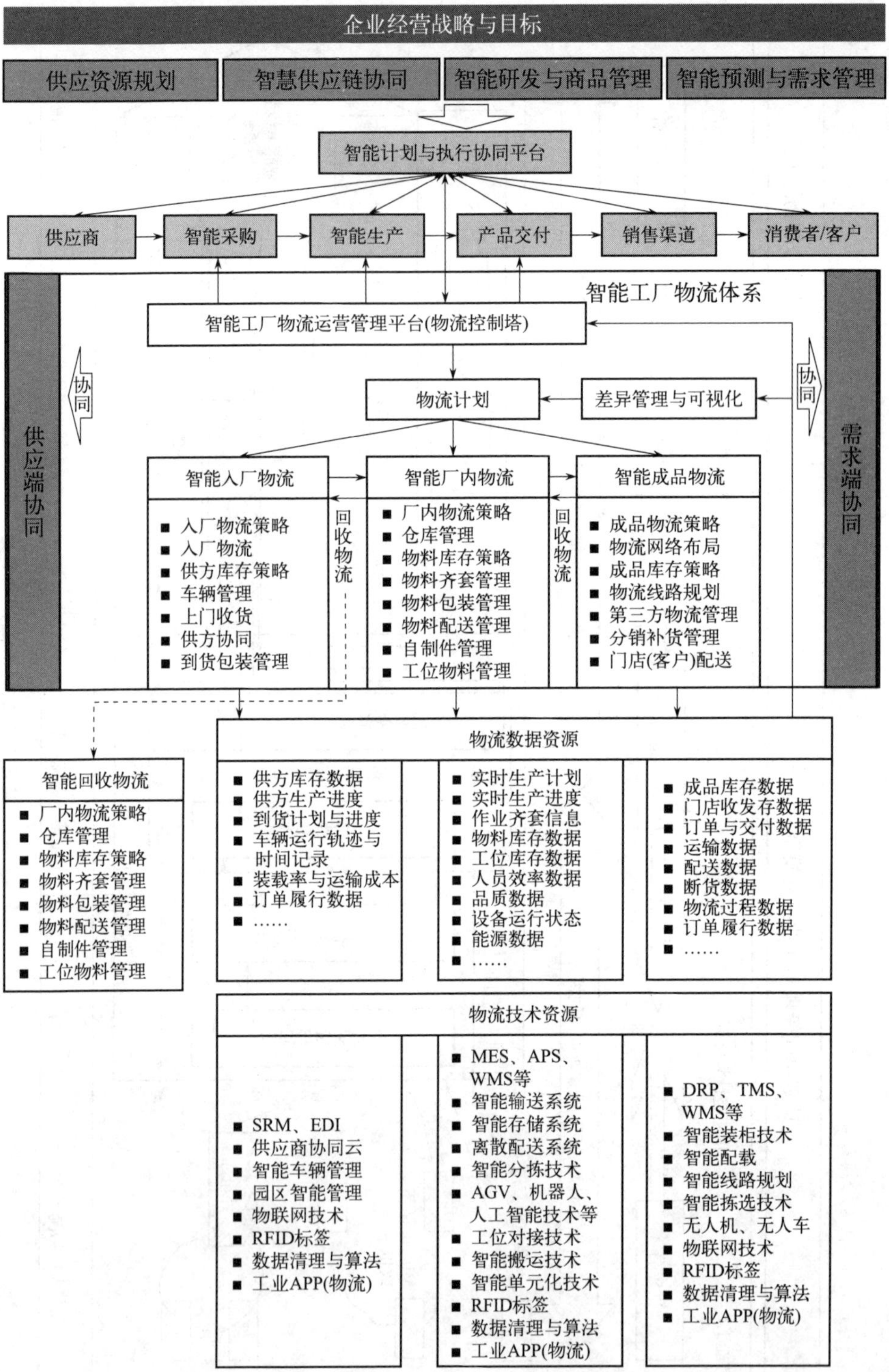

图 6-3　智能工厂物流体系的基本框架

容器循环管理等多项内容，可形成覆盖正向追踪与逆向回收两条线路的异常自愈机制，并有效提升供应链鲁棒性，以便及时处理各类突发事件。

智能厂内物流可充分发挥无人化质检终端、仓库管理系统（warehouse management system，WMS）与仓库控制系统（warehouse control system，WCS）的作用，实现物料全息感知，也可以借助 AGV 集群动态路由算法实现工位级精准配送，还可以集成条码、射频识别、机器视觉等多模态识别网络与智能夹具库，协同优化生产工艺、双箱系统、废弃物代谢路径和订单残量消解算法，构建覆盖整个生产流程的智能包装数字主线。

智能成品物流构建端到端价值交付效能网络，可实现成品自动化搬运、智能仓配联动、智能拣选与打包、算法和技术优化、运力资源池调度、物流网络智能布局、商品流动全程可视化追踪等多项功能，构建从产线到终端的全链路可视化追踪与智能决策闭环，有效提高产品全流通环节效能。

智能回收物流构建包含包装材料、容器回收、不良品回收、修复与再利用、智能追溯等多项内容的循环经济体系，打造覆盖回收、拆解、修复和再入市等多个环节的资源代谢系统，在最大限度上提高资源利用率，保护环境。

智能工厂物流体系构建需遵循物流体系基本框架，明确物流服务在工业生产中的作用以及生产环节与物流流通过程之间的关系，将物流管理融入工业生产过程的各个环节，提高价值链各环节对接的顺畅性和运作的协同性。

6.1.3 智能工厂物流的规划步骤

智能工厂规划应围绕智能工厂物流规划展开，在整体层面统筹规划建筑空间、产品工艺、制造系统与数字基座，依托数字主线拉通需求端到资源端，充分保证工厂规划符合企业运营需求。

一般来说，制造工厂物流规划涉及多个物流节点（如到货、卸货、包装、存储、搬运、配送、工位使用、拣选、发运等）和生产要素（如用地、建筑、面积、设施、物料、产品、人员、时间、信息等）。

智能工厂物流规划具有系统化和有序化的特点，实际操作过程通常可划分为多个环节，如需求梳理、概念设计、初步规划、详细规划、方案验证等。具体来说，智能工厂物流规划的一般步骤如图 6-4 所示。

（1）需求梳理

需求梳理的主要目标是明确规划需求与约束条件。

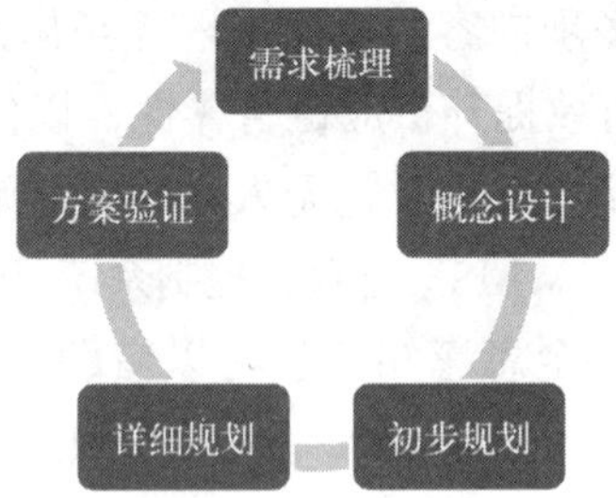

图 6-4　智能工厂物流规划的一般步骤

理解需求是实现有效规划的基础。在需求梳理过程中，应综合考虑内部需求和外部需求，并对规划需求进行定义，找准规划方案的提升角度，探索规划的策略、范围及方向，为推进需求规划工作提供输入和依据。

在实际操作过程中，智能工厂主要采用现场调研、人员访谈、流程跟踪、问卷调查、数据收集、会议讨论、现有文件审查等方法来完成需求梳理。具体来说，在需求梳理过程中，不仅要调查物流部门，还要调查智能工厂的整个运营体系，掌握各个部门当前存在的问题以及对这些问题的理解情况，同时也要以表格的形式采集和整理各项相关数据，明确各项数据之间的逻辑关联，具体涉及数据量、覆盖周期和覆盖范围等内容，充分保证各项数据的有效性。

需求梳理是需求规划的第一步，可以帮助智能工厂明确规划需求。在需求梳理过程中，相关规划人员既要深入理解各项相关数据，掌握当前运营情况，也要以假设为导向对智能工厂展开描述，为业务部门了解未来智能工厂的场景和形态提供支持；同时要以事实为依据深入挖掘当前业务难题，并对这些难题与规划需求进行动态耦合，充分保证规划需求的准确性、系统性和前瞻性。

（2）概念设计

概念设计可以通过构建智能工厂数字孪生原型体的方式，实现对智能工厂轮廓与特征的定义。

在完成需求梳理后，智能工厂需要通过概念设计进一步明确自身的轮廓和特征，在综合考虑各项功能性要求和观点的情况下找出适配度最高的综合体，形成共识耦合机制，并借此为后续规划提供指导。

（3）初步规划

初步规划可以帮助智能工厂找准构建物流体系的有效方法。

在初步规划过程中，需要综合考虑影响工厂建设的各项客观约束条件，并在此基础上深入分析园区布局、功能区域和自动化元素导入等相关内容，制定科学合理的智能工厂物理系统构建方案，形成总评决策基准，为设计院提供参数化基准模型，以便快速推动概念设计落地。

（4）详细规划

详细规划可以帮助智能工厂找准合理配置资源的有效方法。

在详细规划过程中，智能工厂需要充分发挥PFEP（plan for every part）的作用，深入研究、正确选择、确认并应用物流技术，梳理物流流程，研究设计智能化物流场景和环境，选择合适的信息技术，细化各项相关建筑参数，并在此基础上制定具体到物料级、工位级的详细规划方案，同时提高资源配置的弹性化程度，充分保证规划方案可落地实施。

智能工厂在对物流进行详细规划时需要梳理规划要素，分别规划零部件物流、物流区域、生产物流动线、线边工位空间和成品物流等多项内容，并提高空间规划精度，定义建筑参数，将规划细化到每平方米、每个物料和每个工位，同时优化物流设施配置和物流流程设计，提高内外部各部门之间的协同性，校准各项物流设施及设备的技术参数及标准。

（5）方案验证

方案验证可以充分发挥仿真技术的作用，帮助智能工厂验证规划方案的合理性和可行性。

在方案验证过程中，智能工厂需要利用仿真技术实现流程仿真和数据仿真，验证物流方案，并根据验证结果及时优化调整。从原理上来看，方案验证就是利用仿真技术根据实际物流运作场景构建工厂物流系统仿真模型，并利用该模型开展实验，分析系统特性，优化系统目标参数，评估系统运行效率，找出物流规划方案的实施风险和问题，以便在最大限度上优化物流系统，规避运营问题。

智能工厂物流规划可以统筹各项资源要素及规划，优化物流运营管理，减少系统效率损失和改造成本，提高物流和运营的高效性，为企业未来的长久发展提供保障。

6.1.4 智能工厂物流的组织管理

前面已经论述了物流在制造企业经营中的重要性，相应的物流系统也是智能工厂的重要组成部分。不过现实的情况是很多制造企业都对物流缺乏重视，另外有的企业承认物流的重要性，但是对物流的认识不够到位，将物流放到生产附属的位置上，认为物流建设只是智能工厂建设中的顺带工作，无须花费太多时间和精力做系统筹划，以免影响智能工厂的建设效率，而这样的企业最终面对的往往是智能工厂运营效率低下的苦果。除了基本的认知之外，企业的物流组织、物流人才储备等也是制约智能工厂物流发展的主要因素，使得企业无法很好地应对规划、管理、技术研发等物流的各个环节。

物流管理组织的作用是确保工厂的有序运作，组织的建设应基于工厂的物流规划和物流需求，同时贯彻企业的战略和理念。物流范式的迭代要求建立适用于新范式的新型物流管理组织，即分别对应精益化物流、数字化物流、智能化物流的管理组织。在建立物流管理组织时，企业要综合考虑多方因素，包括战略规划、层级架构、人才储备等，设计出与自身最适配的管理组织形式，并在实践中不断地对组织进行优化，因此物流管理组织实际是很灵活的，并不被物流范式所限定。

（1）精益化物流的管理组织

精益化物流管理组织会制定物流计划，这是它的一项主要职能，不过此处的问题是物流计划缺乏与其他计划的配合。组织的职能还包括物流规划与改善，具备精益物流改善能力，不过该阶段物流还无法实现对供应和交付的有效掌控，同时各部门只是负责自己分内工作，未建立协同关系，此种工作模式对战略绩效的提升形成了制约。精益化物流管理组织参考架构如图 6-5 所示。

（2）数字化物流的管理组织

数字化物流管理组织以物流运营中心为核心，计划中心是物流运营中心的主要职能，负责数字化工厂的采购、物流、生产、库存等各项计划的集成管理，借助数字化技术实现智能调度规划，提升综合管理能力，促进价值链的有效协同。

数据中心是物流运营中心的另一重要职能，囊括了数字化工厂各个单

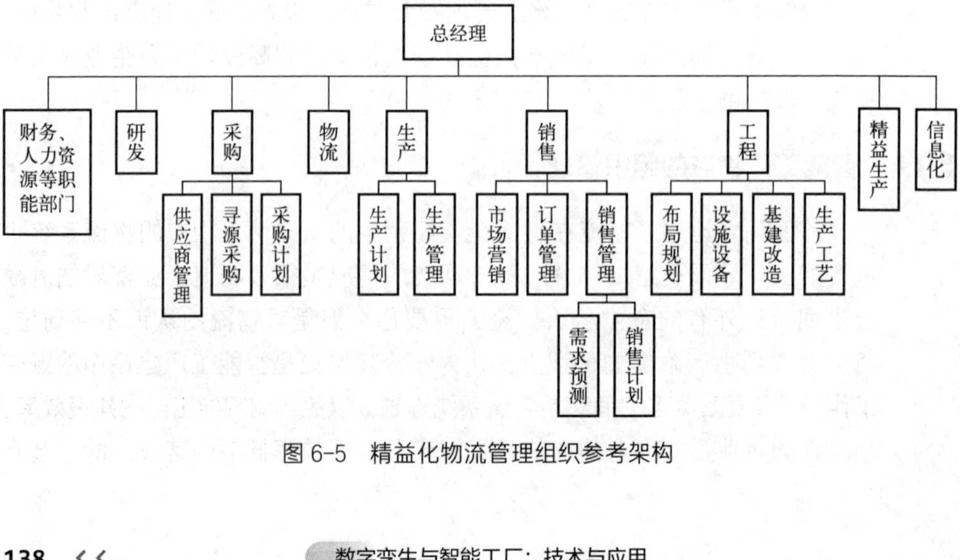

图 6-5　精益化物流管理组织参考架构

元产生的各种类型的数据，其功能包括数据分析、数据维护、数据输出、绩效管理等，可用于监控工厂的实时运营状况，掌握工厂运营绩效信息，为数字化工厂的决策提供重要参考。另外，物流信息平台负责采集和分析与物流相关的信息，该平台与数据中心是数字化物流组织信息化建设的主要载体，在工厂运营的闭环管理中发挥关键作用。数字化物流组织参考架构如图 6-6 所示。

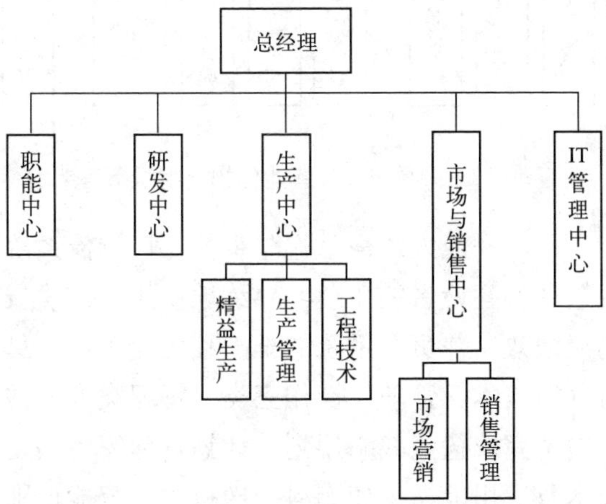

图 6-6　数字化物流组织参考架构

（3）智能化物流的管理组织

如果将规划完成的智能工厂比作盒子，那么人们只需将目光投向发生在盒子外部的“输入”和“输出”环节，因为盒子内部的各项运作都将在智能化的驱动下自动完成。在智能工厂内，生产和物流已实现了一体化，作为生产场所的智能工厂同时也扮演物流中心的角色，其职能有采购与供应商管理、供应资源管理、订单管理与交付等。智能化技术以及数据在智能工厂物流运营中居于核心地位，智能化物流组织通过各种智能化工具和各类数据执行物流管理，极大地改变了传统的物流模式。智能化物流组织参考架构如图 6-7 所示。

智能工厂物流体系强调人的价值和作用，物理系统和信息系统是智能工厂物流的基本构成要素，这两项系统由人来创造和使用，并接受人的管理。当工厂以新的形态出现，同时物流体系发生变革时，物流人才被赋予了新的定义，此时需要的是与以往不同的新型物流人才。培养适用于新环境的物流人才需要一定的时间，同时培养出的人才也不能保证符合企业的要求，这使得企业经常面临物流人才短缺的局面。

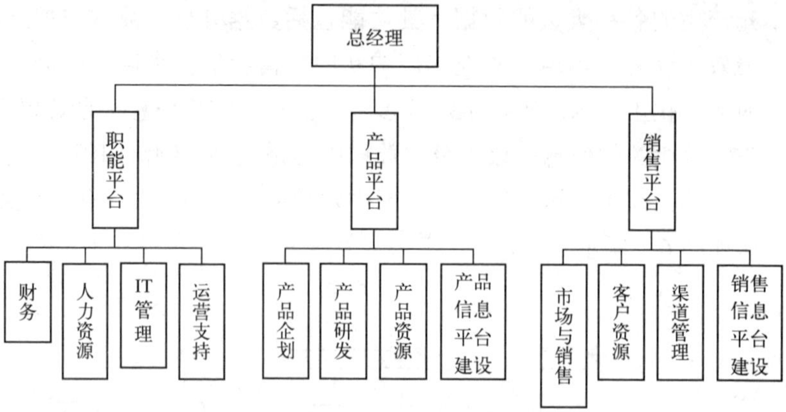

图 6-7　智能化物流组织参考架构

智能工厂的物流人才需掌握与智能工厂物流系统相关的各项能力，担当系统规划者和建设者的角色，熟练地使用系统执行物流操作，提升工厂的战略物流绩效，并负责系统的维护和优化工作。具体来说，智能工厂物流人才可分为技术、管理、操作三类，管理类人才需具备顶层设计和运营管理等能力，完成物流战略规划、计划管理等各项工作；技术类人才需具备专项技术及应用能力，如物料配送技术、智能识别技术、数据分析技术等；操作类人才则主要是物流系统的操作人员和维护人员。有的物流人才是“专才”，即精通一项能力；有的则属于“全才”，精通多项能力。

6.2 数字孪生在物流领域的应用

6.2.1 数字孪生物流系统的总体架构

数字孪生技术在物流领域的应用尚处于发展初期，但已经出现了一些代表性的技术成果。数字孪生技术能够建立物流节点、运输轨迹、库存状态等物流链要素的虚拟映射模型，从而响应物流运输全环节多个场景的应用需求。

（1）底层：物理空间数据采集

在数字孪生技术体系下，物理空间数据采集是整个系统功能实现的基础，负责为上层结构提供输入源。借助数据实时采集网（集成了三维立体摄影技术、智能传感技术、智能穿戴设备等），该层级能够实现生产设备、生产流程、市场需求等生产要素数据和外部环境数据的动态采集，以此构建整个物流系统的数字化底座，并联通企业的资源管理、制造过程控制、仓储配送、运输管理等底层业务平台，实现全链路数据交互与多模块状态的实时更新。

（2）中间层：基于转码技术的虚实连接

该技术层搭建了物理系统与信息系统交互的桥梁，在编码器转换技术的支撑下，系统构建了闭环式全链路传输通道，以实现物理世界采集数据源与虚拟空间控制优化指令的双向交互。这种双向反馈机制既能够保证上层控制系统对下层设备的运行做出及时的响应，又能够使下层设备在虚拟模型的指导下实时优化运行参数，以保证整个作业现场的高效运行。为保证传输的实时性和衔接顺畅性，系统通过数据传输密钥、设备证书等安全措施打造传输监控界面，确保传输过程的安全性。

（3）上层：虚拟空间物流系统子孪生体

该技术层实现了数据价值的最终释放，被采集的数据传输到该系统后，在数据集成技术的支撑下完成预处理，为后续的数据深度分析提供结构化数据源。随后，这些数据将通过分布式计算等多种算法被识别分析，其中具有高价值的数据资源将被筛选出来作为建模参数，与物流管理等先验知识融合并利用模型库中匹配到的算法模型进行建模，以构建与物理物流系统协同共生、实时映射的全息模型。在智能控制算法的支撑下，该模型能够实现对物理物流系统的可视化检测、异常事件定位、需求预测及管理预测。

6.2.2 数字孪生在物流领域的应用场景

（1）运载工具监控与运输系统优化

在相关技术的推动下，基于全球定位系统（global positioning system，GPS）的运载工具监控技术已经具备了一定的成熟度。借助信号接收器，运输管理人员能够在卫星信号的辅助下获取运载工具的行驶轨迹，从而对其进行监控。该技术可以视为孪生机制的雏形。

现代运输数字孪生为运输调度方案的虚拟验证以及物理世界物流的优化调度提供了支撑。在该技术的支撑下，物流管理者对运载工具的监控不再局限于传统的轨迹追踪，而是拓展到了运载工具的劣化程度、能效特性、历史运输数据以及服役安全性等多个维度。这种面向物流系统的全息数字化管理功能实现的关键在于，通过数字孪生系统构建运输载具的全生命周期虚拟镜像，实时响应运输需求，并借助人工智能算法完成运载资源的智能调度，形成最优运力配置方案。所生成的方案在虚拟空间完成验证后被应用到实际的物流任务中，形成“仿真—优化—执行”的管理闭环。

这种基于数字孪生技术的物流管理系统在跨境物流系统中具有极大的应用潜力，是构建弹性化智能国际货运调度网络、实现跨境物流全链路智能化管理的关键。通过构建覆盖货物出库、揽收、运输、报关等多业务环节的虚拟运输链路，该系统能够实现跨境物流运输的全要素数字化重构，形成物流运输全链的数字化全息映射模型，借助大数据技术、物联网技术和卫星导航技术进行货物流量预测，实现大范围的货物状态监控，并提前预警各类运输风险；基于三维可视化技术的数字港口镜像能够实时呈现港口装箱作业进度，帮助管理者更好地确定船舶入港的时间窗口，保证港口装卸作业的流畅衔接。

（2）运输包装设计与管理

运输包装是物流运输过程中的重要参与要素，基于数字孪生的智能包装体系在提升物流运输效能方面发挥着重要作用。为了保证运输安全性和运输效率，需要对危险化学品、温敏药品、高附加值药物等进行高可靠性的防护包装。数字孪生技术能够实现运输环境的虚拟模拟，在数字映射环境中模拟运输物品在撞击、震动等环境下的结构应力特性，验证在高湿、高温环境下的包装材料的防护性能，并在人工智能算法的辅助下预测包装材料的失效曲线，以提前做好包装材料的维护和更换，最终构建更绿色、更安全、更轻量化的物流包装体系。

基于数字孪生技术的物流包装管理体系能够实现运输包装的全流程监控，从而提高管理者对货物的监管能力，并能与电商、金融领域联动，为电商提前盘货与金融在途质押业务提供实施条件。

以货物包装为载体，通过部署传感器终端网络，系统能够实时采集监控物流过程中货物所处的环境信息，在包装数字模型的支持下解析货物的实时状态，并与智能算法结合，提前预测出各批次货物的毁损率，辅助货物所有者实现货物实际价值的实时评估。以其在金融供应链中仓单质押场景下的应用为例，基于三维立体摄影技术的数字孪生货物管理能够突破传统以静态货物为主的仓单质押业务模式，通过构建在途货物的三维数字镜像实现对在途货物的动态实时监控，动态生成货物损毁预警以及应急处置方案，实现可用质押额度的灵活调节，从而拓展仓单质押的应用范围。

在现代物流体系中，可循环包装装置是实现行业流程标准化的基础。借助数字孪生技术，管理者能够在包装上部署传感网络，从而构建包装容器的实时数字映射模型，实现包装的预测性维护。以传统的可复用标准海运集装箱、汽车零部件标准板条箱为例，依托物联网感知层构建的包装全生命周期监测网络，能够持续对这些包装容器进行定位，采集容器的变形、毁坏信息，从而智能评估容器的可用性、预计使用寿命，以最大化释放循环包装装置的应用价值。

（3）仓配中心选址

基于数字孪生技术的仓储配送网络规划，能够辅助仓储管理人员高效地完成仓储基础设施部署方案的验证，使仓储与配送中心的选址与建设更好地承接电商时代的业务需求，并形成以市场需求为导向的仓储配送中心建设迭代优化机制。

数字孪生技术通过整合企业运营指标、消费者区域分布、运输网交通状况等多维度信息，能够构建支持业务时序性与空间变化的仓储配送系统数字映射模型，在该模型的支持下验证仓储选址方案并进行运营过程模拟，实现多业务并行优化，筛选出最优建设方案并作出运营决策，并最终将这些参数信息与决策指令传导至物理终端，实现对整个建设过程的精准指导。若后续业务需求出现变化，数字化模型能够迅速生成仓储配送中心优化迭代方案，重构其技术架构，保持仓储配送中心建设与市场业务需求的同频共振。

（4）仓配中心内部管理

数字孪生技术还能应用在仓储配送中心日常的数据采集、智能决策、预测维护和巡检安防等业务环节，从而实现生产要素的全域互联，形成智能化、精细化的仓储内部管理体系。

使用数字孪生体构建仓储配送中心中人、物料、设备等要素间的数字连接通道，能够构建基于泛在感知技术的物流系统运行参数采集网络，实现仓储运营的可视化管理；在强化学习算法的支撑下，结合数字孪生物流模型自主生成存储区域智能化布局，建立以需求为导向的业务响应决策机制；借助数字映射模型，可视化呈现仓储物流作业场景并标注环境参数，提高作业监控颗粒度，并融合感知和定位技术完成无人化装卸、无人机盘点作业、智能拣选、搬运小车导引等业务，提前感知作业风险与设备故障，提供预测性维护服务；借助个人数字助理（personal digital assistant，PDA）和三维立体眼镜实现沉浸式的人机交互，赋予业务执行人员更强的环境感知与要素统筹能力，配合数字化系统完成高效的仓储配送物流作业。

（5）配送方案优化

数字孪生技术能够在物联网设备与人工智能算法的支撑下构建智能化的“业务 - 服务”匹配模型，实现运力资源的优化配置，打造弹性化的配送需求响应体系。通过实时感知订单的地理分布、运输量、配送轨迹等多维度数据，模型能够基于资源统筹原则与效率最佳原则生成动态路径优化策略，为业务匹配最合适的运输资源。比如，针对运输高峰以及运力紧张的情况，数字孪生技术能够灵活地进行内部资源弹性管理，加快区域内资源调度，调取其他区域的空闲资源以平衡运力缺口。

以电商物流网络为例，数字孪生平台基于感知系统所采集的业务和场景数据，通过深度算法进行区域内业务需求整合，可视化呈现不同网点之间的距离、运输承载量、服务效能、业务节奏等信息，在此基础上综合业务时序性、优先级等框架条件进行建模与运算，最终得到每一单运输物品的流转路径并为其匹配合适的运力资源，实现配送过程的精细化管理。

6.2.3 数字孪生在物流领域的应用步骤

数字孪生技术能够为智能工厂管理者提供可靠的决策支撑，帮助其抓住关键业务窗口并科学使用业务资源，而物流数字孪生模型成功发挥其效能的关键在于实现运营者管理能力和数字孪生技术的深度融合。数字孪生在物流领域的应用步骤如图 6-8 所示。

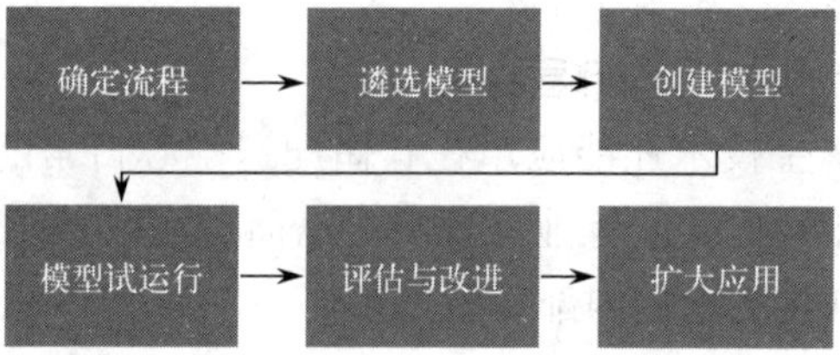

图 6-8　数字孪生在物流领域的应用步骤

（1）确定流程

在企业数字化转型的过程中，由于企业的资源支撑能力有限，往往难以在短期内实现全流程的数字孪生改造，此时决策者需要结合企业的战略目标筛选出改造性价比最高的业务流程。通常此类流程呈现出紧密贴合企业战略规划，优化后能够直接转化为经济效益并具有一定的可持续发展性等特征。

（2）遴选模型

数字孪生模型的选择应与企业的业务需求与资源支撑能力相匹配，这个过程中决策者需要进行精准的成本与利润计算，既要避免模型级别过低难以满足企业应用需求，又要避免模型规模过大，技术可行性低，运行成本高昂。

（3）创建模型

确定所选择的模型后，随后即进入模型创建阶段，该阶段的业务部署应注意以下三个方面。首先是建立数据采集的底层基础，通过部署泛在感知系统实现现实世界流程的信息化，保证数据获取；其次是验证转码器性能，保证物理系统与信息系统的交互有效性，搭建映射桥梁；最后是保证现实世界生产流程和指标的可视化呈现，通过图形、表格、三维模型等直观地呈现出物理世界与虚拟世界的比对结果，帮助决策者更高效地进行业务洞察。

（4）模型试运行

完成模型创建后，要通过模型的试运行确保其应用的稳定性，及时发现不足并进行参数调试。这一过程要进行多次验证，同时要考虑到技术架构后续迭代升级这一因素，为后续系统更新保留一定的技术接口。

（5）评估与改进

完成数字孪生模型试运行后，需要进行模型的多维度评估，客观判断数字孪生模型是否能满足企业业务场景的需要，具体考察指标包括模型的价值创造能力、物流系统效能提升能力、流程管理优化能力、物流设施与设备赋能水平以及物流过程安全管理能力。应基于运行过程中的问题事件记录对模型存在的缺陷进行定位和原因追溯，不断推动整个数字孪生系统的改进与优化，夯实数字孪生技术正式应用的基础。

（6）扩大应用

试运行成功后，物流部门应聚焦于企业其他类似流程需求，通过知识复用与经验迁移实现数字孪生技术的扩散应用。

6.3 基于数字孪生的仓库控制系统

6.3.1 数字孪生在 WCS 中的应用

近年来，数字孪生技术飞速发展，并逐渐被应用到仓库控制系统（WCS）中。一方面，数字孪生技术可以与深度学习和智能算法协同作用，增强设备三维数字孪生的仿真分析能力，精准采集设备运行状态和行为信息，提高建模精度，充分保证数字孪生模型的精准性和可靠性；另一方面，数字孪生技术也可以与大数据技术互相融合，在数据层面为设备数字孪生提供强有力的支持。

当设备处于运行状态时，会产生大量数据。工业企业可以充分发挥大数据技术的作用，分析和处理这些数据，从中提取所需信息，并借助数字孪生模型进一步提高设备状态监测的精准性和故障预警的及时性。不仅如此，还可以利用物联网技术连接各项设备，实时获取设备的各项运行数据和状态信息，支撑设备与数字孪生模型交互，并对设备进行远程监控和维修，通过对设备的智能化管理来提升设备运维效率，充分保证设备的可靠性。

（1）监控与调度

数字孪生技术的应用将提高 WCS 在调度、监控方面的智能化和可视化程度，推动 WCS 向智能化决策平台升级。具体来说，数字孪生技术在 WCS 中的可视化调度和监控主要发挥的作用如图 6-9 所示。

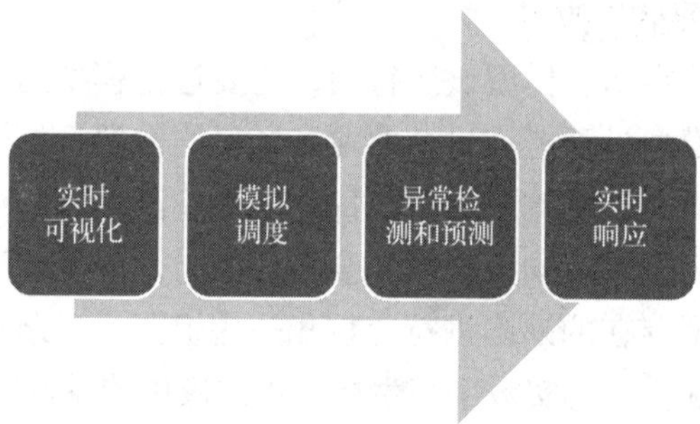

图 6-9　数字孪生可视化调度和监控的作用

① 实时可视化。数字孪生技术的应用可构建仓储三维可视化管控平台，实现对仓库内部的模拟和监控，让操作人员可以在三维数字空间中掌握各项相关参数，实时监控仓库运作情况。

② 模拟调度。操作人员可以利用数字孪生技术模拟不同的调度情况，预测调度效果，并据此有针对性地优化仓库内部运作。

③ 异常检测和预测。操作人员可以充分发挥数字孪生技术的作用，实时采集和分析各项相关数据，及时检测异常情况。

④ 实时响应。在数字孪生技术的支持下，WCS 可以迅速适应环境，准确响应各项变化，根据实际情况动态调度和分配各项资源。

总而言之，数字孪生技术的应用大幅提高了 WCS 可视化调度和监控效率，推动了 WCS 实现智能化控制。

WCS 具备数据处理、设备管理、作业管理等诸多功能，可以与数字孪生技术协同作用，支撑工业企业在自动化作业过程中实现智能化组织调度。

具体来说：

- 数据处理功能可以根据实际情况改变任务数据状态、任务优先级顺序，也可以手工处理数据；
- 设备管理功能可以实时监控设备状态，及时发现和记录设备故障，并发出提示信息；
- 作业管理功能可以灵活调度各项设备完成相应的作业任务，支撑工业企业实现按订单作业、合并订单作业和波次管理。

（2）仿真与优化

仿真是数字孪生的重要组成部分，数字孪生可以通过仿真的方式模拟现实系统，并借助高精度仿真实现对实际生产状况的精准预测，从而为优化系统性能提供支持。

优化指的是以调整设计或参数的方式在最大限度上提升系统性能。数字孪生技术可构建自演进优化体系，监测和分析系统性能，实时反馈各项相关数据，并根据数据实时精准地优化系统性能；不仅如此，工业企业还可以根据优化结果调整数字孪生模型及参数，打造物理系统与虚拟模型的双向数据闭环，从而形成动态参数校准机制，实现循环迭代，达到持续优化系统性能的效果。

（3）数据积累与深度应用

在数字化建设过程中，应广泛采集和及时处理各项数据，并加强数据积累，通过数据优化等方式减少冗余数据，确保数据的可靠性。构建分布式智能感知体系，实时、高效、精准采集各项相关数据信息，打造集采集、存储、计算和应用于一体的全链路智能处理体系，提高各项技术、知识、经验的模型化、标准化、软件化和复用化程度，从研发、设计、生产、运营、管理等多个角度入手，优化资源配置，充分发挥数据在管理和生产环节的作用，在数据层面为工业企业实现各项数字化功能提供强有力的支持。

数字孪生技术为工业领域构建起虚实联动的认知计算体系，工业企业可以综合运用数字孪生、3D 场景建模等技术分析已积累的各项数据，整合各项设备的实时数据，并在此基础上实现对设备运行状态的实时监控。从数据应用方面来看，工业企业可以通过不同的接口接入数据，通过大数据统计分析的方式检查设备的安全情况，同时还可以通过可视化数据分析诊断历史问题，把握当前事务发展情况，预测未来趋势，支撑企业管理人员做出相关决策。

6.3.2 WCS 应用的支撑技术体系

（1）数字化传感技术

数字化传感技术可以借助信息传感设备和互联网连接起各项物品，帮助工业企业掌握所有物品的信息，并实现对各项物品的智能化管理。

一般来说，物流入库管理包含多个环节。为了确保信息的准确性，需要花费许多人力和时间来检查和控制物品、记录、经手人等信息。数字化传感技术的应用可以充分发挥信息传感设备的作用，利用射频识别技术（RFID）和位于入库口通道的阅读器识别物品标签，获取标签中的信息，并从数据库中找出与之对应的物品信息，自动输入库存管理系统。

库存管理系统需要记录和核实入库信息，若信息合格，则录入该信息；若信息存在错误，则发出警报信号，禁止录入该信息。在智能仓储系统中，WCS 的功能扩展可以实现对设备中的射频终端的控制，并采集和识别货物信息，确认和执行搬运任务，及时更新库存信息，除此之外，还需在物资入库后打印和确认入库清单，为相关工作人员的物流管理工作提供方便。

数字孪生体架构通常以数字化传感技术为基础。为了实现物理对象与数字孪生系统之间的精准映射和实时交互，数字孪生系统需要在保证自身完整度的前提下采集运行环境信息和各组成部件的状态数据，构建包含设备控制、数据采集、任务执行和责任追溯的完整技术链条。

（2）大数据技术

大数据平台具备十分强大的数据存储和计算能力，能够为数字孪生技术的应用和数字孪生模型的运行提供支持。对数字孪生模型来说，可以通过大数据平台获取所需信息，并深入挖掘数据价值，综合运用大数据、仓内设备和作业策略，助力仓内物资实现高效运转作业。

WCS 在仓库管理中发挥着至关重要的作用，既可以自动化管理生产线，也可以实现对产线动态和设备状态的实时监控，还可以自动分配仓储管理系统（WMS）的生产任务，从而实现多线程处理仓库管理任务的目的，在确保线程安全的基础上大幅提高处理效率。

大数据的应用可以打破商品种类、作业模式等方面的限制，从现有订单结构和仓库产能出发，自主调控各个订单和业务流程的作业模式，有效解决不同领域、不同业务形态、不同品类商品的同仓生产问题。不仅如此，大数据的应用还可以推动仓储物流向精细化和智能化的方向发展，同时也可以广泛采集、处理和分析各项分散的数据，从而在数据层面为仓储物流的运营和决策提供依据。

（3）3D仿真技术

3D仿真技术可以以数字化的方式根据物理实体构建相应的数字孪生体，推动物理实体实现数字化和模型化，从而达到以信息换能量的目的，有效减少消除物理实体及系统的不确定性时所耗费的能量。

仿真可以验证和确认物理实体及系统模型的正确性和有效性，由此可见，数字化模型的仿真技术既可以创建数字孪生体，也可以有效运行数字孪生体，还可以连通数字孪生体与物理实体，实现精准闭环控制。

WCS融合了数字孪生技术和3D仿真技术，可以仿真分析仓储和物料的流动过程，防止出现重复路线和冗余路线，有效减少库存和在制品数量，提高生产资源和人员之间的匹配度，突破各项难题，优化关键路径，提高生产过程中物料运输的经济性和时效性，缩短物料搬运时间，规避路径干涉问题。

WCS可以综合运用3D建模仿真和虚拟现实等先进技术构建高度逼真的工厂布局模型，让工业企业可以以可视化的方式优化工厂布局，提高拣货的速度和准确度。不仅如此，相关操作人员也可以通过虚拟现实的方式模拟真实仓库的操作，提高自身操作的熟练程度，尽可能避免出现由人为因素引起的错误，相关管理人员也可以利用虚拟现实技术实现对WCS的远程监控和远程操作。

（4）人工智能技术

人工智能在物流领域的应用可分为以AI技术赋能和以技术或算法驱动两种类型。其中，以AI技术赋能的应用主要包含各项智能设备，如无人叉车、无人配送车、码垛机器人等，这些设备可以在一定程度上取代人工完成部分操作；以技术或算法驱动的应用主要涉及机器学习、运筹优化和计算机视觉等技术和算法，可以在仓储现场管理、设备调度、订单分配等多项工作中发挥作用，有效提升管理效率。

与人力相比，WCS调度自动化仓储设备具有更高的效率和可靠性。一般来说，工业企业可以利用数字孪生技术构建实时仓库模型，同时综合运用AI技术，为WCS分析模型中的各项数据提供支持，以便WCS根据这些数据实时决策，有效预测设备状态。

在数字孪生等技术的支持下，WCS可以实现对设备的预测性维护，及时发现设备中的潜在问题并采取相应的解决措施，减少设备停机时间。AI的应用也可以支持WCS以智能化的方式规划路径，分析各项相关信息，让工业企业可以充分掌握仓库内的货物流动情况和设备状态，动态调整货物路径，进而实现灵活高效的路径规划。不仅如此，AI 还可以实现图像识别和机器学习等功能，支撑 WCS 实现对各类货物的自动识别、智能化分拣及装卸。

6.3.3 WCS 架构体系与主要功能

WCS 集成了多种设备系统接口，可以统一管理和调度各个设备系统，控制各项设备处理作业任务，实时采集设备层反馈信息，监控和跟踪设备的状态及任务执行情况，是支撑工业企业实现信息化管理控制的关键。在智能仓储系统的调度环节中，WCS 会充分发挥基于负载均衡的动态资源分配机制、最短路径规划策略、拥堵区域动态响应机制和任务优先级加权评估模型的作用，实现对出入库作业的全流程智能调度。

WCS 界面可以向用户呈现设备运行状态和任务执行进度等信息，让用户可以根据自身权限操作。与此同时，WCS 还具备操作日志、任务执行记录、操作权限分组管理、设备故障记录和报警等诸多功能，能够为用户操作提供方便。具体来说，各层级系统集成如图 6-10 所示。

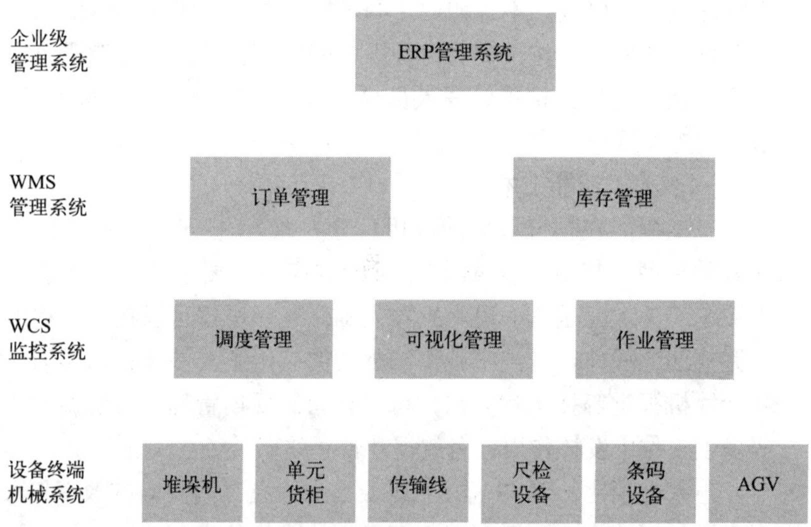

图 6-10 各层级系统集成

WCS 连接着上层系统和物流设备，既可以根据 WMS 的指令制定相应的分配策略、执行策略和控制策略，也可以协调、调度底层的各项物流设备，是系统安全、稳定、高效运行的重要保障。

数字孪生技术与 WCS 的融合可以贯通虚拟与现实，打造出与真实场景一致的虚拟场景，为观察者对场景展开远程、实时观察提供方便。从实际操作上来看，在将数字孪生技术融入 WCS 之后，一方面，要在设备层的各个关键节点装配传感器，以便采集、整理和加工各个关键节点的关键数据；另一方面，还要充分发挥数字孪生技术和智能化算法的作用，通过建模的方式构建和呈现与现实环境一致的场景。

除此之外，WCS 还可以通过命令回写的方式，在保证安全的基础上实现对相应设备关键动作的反向控制，并借此为用户提供各项远程应用，如远程诊断、远程教学、远程排故等。

为了实现全产业链数字化管理，某制药企业根据中药材产业链特性构建全产业链数字化治理体系，并利用工业互联网连通产业链各层级及各个系统，实现对整个产业链的闭环管理。首先，充分发挥物联网、云计算等先进技术的作用，构建产品全过程质量追溯体系；其次，建立智慧生产管理系统，并赋予其 MES 的各项管理功能，以信息化的方式管理生产过程，同时充分满足 GMP 监管在质量管理方面的各项要求；最后，还要将 WCS 与数字孪生技术融合，提高整个数字化管理过程的可控性和可视化程度，并为企业的数据分析提供支持。

数字孪生技术的应用大幅提高了仓储控制管理的自动化和智能化程度。在数字孪生技术的作用下，移动端和工作站可实现数据共享和实时可视化，推动工作方式向自动化和智能化的方向升级，减少相关管理人员的工作量，同时也可以使其迅速掌握数据信息，高效率完成各项作业任务。

近年来，数字孪生技术逐渐被广泛应用到 WCS，大幅提高了仓库管理的智能化程度，让 WCS 可以借助模拟和实时反馈实现持续优化。同时，AI 的应用可以推动 WCS 实现智能化决策，使其可以通过互联网获取所需的各项运营信息；虚拟现实技术也可用于模拟各项实际操作，从而为相关管理人员的仓库监管工作提供方便。数字孪生技术的应用在一定程度上扩大了 WCS 的应用范围，有效提升了 WCS 的过程优化控制水平和系统性能。

第 7 章

行业应用与实践

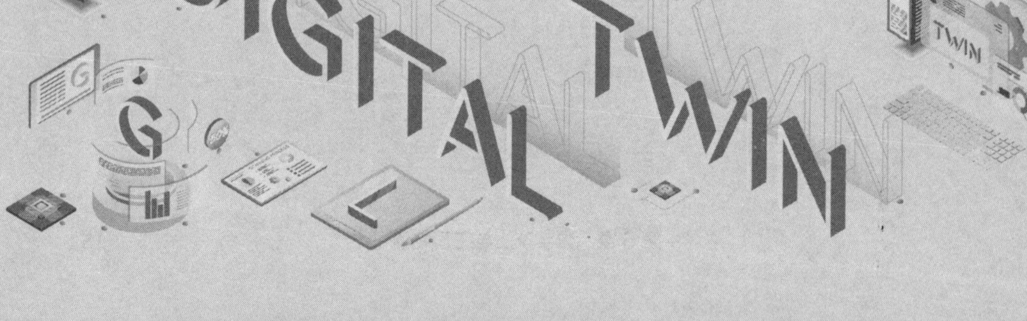

7.1
基于数字孪生的航空发动机制造工艺

7.1.1　制造工艺数字孪生模型框架

随着制造业智能化转型的持续推进，作为智能制造关键技术的数字孪生技术得到了越来越多的关注，其在生产制造过程中的主要应用有产线设计、生产管理、资源配置、现场监控等。数字孪生应用的主要运作模式表现为虚实融合，如图 7-1 所示。

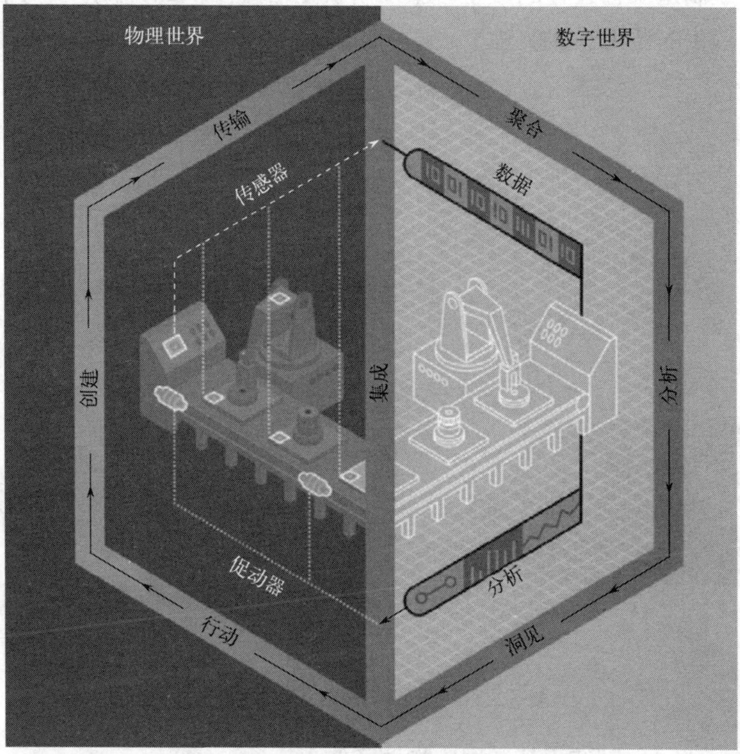

图 7-1　数字孪生虚实融合示意图

目前，数字孪生技术在制造领域的应用面临一定的挑战，理论和技术支持尚不充分，尤其是与具体制造工艺的结合成为亟待解决的关键问题。针对此问题需开展深入的研究，以充分发挥数字孪生技术对智能制造发展的驱动作用，提升制造业的整体发展质量。下面以航空发动机制造为例，探索数字孪生技术与制造工艺的融合方法。

经过长期发展，我国在航空发动机制造领域进步显著，包括制造技术的突破和制造装备的成熟，但与此同时，我国在航空发动机制造的数字化和智能化转型方面也面临瓶颈，尤其在制造技术、配套装备、信息技术融合上存在明显短板，阻碍我国迈向行业发展的更高阶梯。针对以上现状，需充分挖掘数字孪生等信息技术在航空发动机制造领域的应用价值，持续推进信息技术与制造技术的融合，以实现航空发动机制造技术体系的全面升级，不断提高技术成熟度，增强产品竞争力，切实提升航空发动机制造行业的整体发展质量。

出于推进数字孪生技术在制造工艺领域应用的需要，此处给出一个对应制造工艺过程的数字孪生应用模型，如图 7-2 所示，该模型借鉴了数字孪生的通用五维模型。

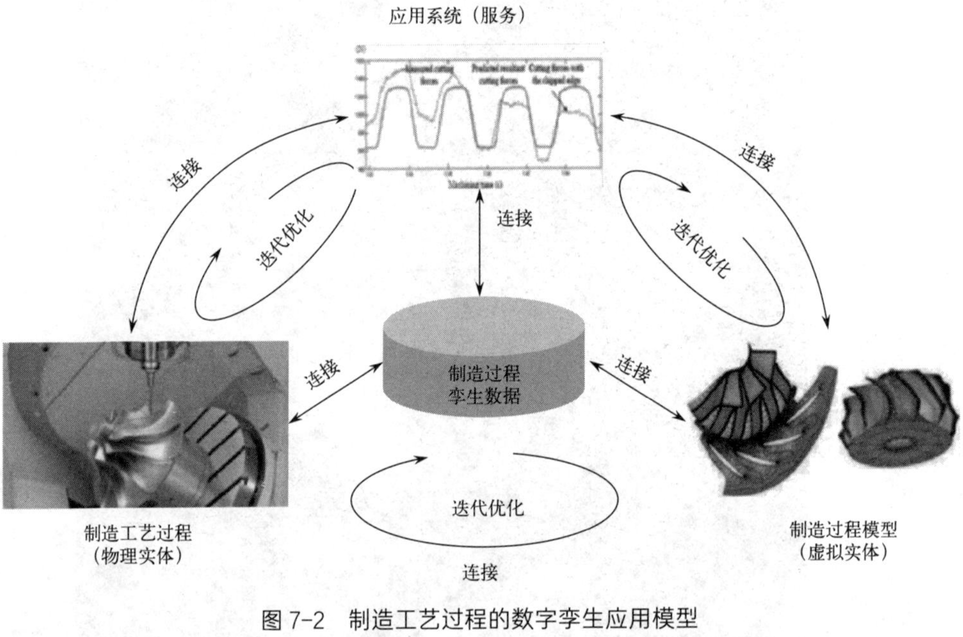

图 7-2　制造工艺过程的数字孪生应用模型

（1）制造工艺过程（物理实体）

制造工艺过程即物理实体，是数字孪生模型的基础部分，由与制造工艺过程相关的各项要素组成，如设备、物料、工具等，每类要素对应一个子系统，它们各自有其功能，为物理实体的各项操作提供支撑，包括监测、管理、优化等。此外，物理实体中还安装有传感器，用于数据采集。

（2）制造过程模型（虚拟实体）

制造过程模型用于描述和还原制造工艺过程，将其映射到虚拟空间中，包括几何模型、物理模型、行为模型、规则模型等多种类型的模型，这些模型分别从不同维度模拟制造工艺过程的物理实体。几何模型为三维模型，用于描述物理实体的几何性质，如形状、尺寸、相对位置等。物理模型用于表现物理实体的物理属性，包括宏观和微观层面的特性，如物理结构、电场、磁场等，在执行模拟操作时可借助 Ansys、Abaqus 等软件工具，采用数学近似的模拟方式。行为模型包括问题模型、评估模型、决策模型等，常用的建模方式有马尔可夫链、神经网络等。规则模型包含规律、经验、标准、准则等内容，规则能够通过自我学习得到进一步完善，可根据实时数据做出分析和预测，调节优化物理实体的运行，并保持虚拟实体与物理实体的同步，规则的主要获取方式有整合现有知识以及机器算法挖掘。

（3）应用系统（服务）

负责执行与数字孪生应用相关的封装操作，包括对数据、模型、算法等的封装。借助工具组件、模块引擎等方式，为数字孪生内部功能提供运行和应用条件。针对数字孪生用户的业务需求，借助平台等渠道为其提供相应的服务，包括物理实体控制优化、虚拟实体校准等。

（4）制造过程孪生

制造工艺过程数据分为物理要素属性数据和动态过程数据，前者即制造过程的各项相对固定的信息和特性，如规格、功能、运行方式等，后者则是在制造过程中实时变动的数据，如运行状态、环境参数、干扰因素等，可借助传感器、嵌入式系统等设备装置采集这些数据；制造过程模型数据即上述各类制造过程模型的数据，以及运用模型所执行的各项操作的仿真数据，包括过程与行为仿真、过程验证、分析、预测等；应用系统数据涉及算法、模型等工具性对象的数据；知识数据包含各类具有一定权威性和参考价值的知识性内容，如专家知识、行业标准、算法库、模型库等。通过对以上各类数据进行整合处理，可得到融合衍生数据，这类数据更加全面和准确，能够更充分地挖掘各类数据的价值。

（5）连接

在制造工艺过程、制造过程模型、应用系统间建立连接，实现各部分在运行过程中的交互和同步；在连接的作用下，以上三部分的数据将实时存储到孪生数据中，并且孪生数据将作为各部分运行的驱动。可借助嵌入式系统、数据采集卡等采集制造工艺数据，并利用传输协议将数据传至孪生数据以进行处理，而后可再将已处理的数据反馈至制造工艺过程，形成闭环控制，优化物理实体的运行。

7.1.2 复杂构件的智能加工应用

航空发动机中包含整体叶盘、机匣等较为复杂的构件，这些构件的数控加工过程具有非常明显的非线性特征，很难对其做出准确预测。很多时候实际的加工过程并非完全按计划进行，材料的去除会造成热变形、系统振动等各类物理现象，因此正确的加工程序并不能保证产品的合格。而上述物理现象会对加工构件的表面完整性产生影响，使其发生明显形变，这样的构件在使用过程中无法有效地分散应力，从而削弱航空发动机的性能，甚至缩短其使用寿命，危及飞行安全。以上问题的根源在于数控加工的运作方式，常规数控加工的关注范围局限于相对固定的对象，包括作为加工设备的数控机床以及加工过程，而实际上加工过程中产生的动态数据也会对加工结果带来显著影响。因此，为解决加工过程中存在的问题，需对数控加工技术做出改进，监控加工过程中的实时数据，掌握实时工况，据此实施加工参数的调节优化。

基于数字孪生的智能加工技术融合了 5G、现代传感等技术，可借助标准数据接口采集和处理加工过程中的实时数据，基于数据构建加工过程数字孪生模型，形成物理实体和虚拟实体的交互映射，运用可视化手段真实地反映加工过程，并借助在机检测技术评估加工品质，对加工过程实施调节优化，从而制造出性能更加出色的航空发动机构件。智能加工的简单示意如图 7-3 所示。

(a) 加工能力状态判定　　(b) 加工过程监控　　(c) 自主判断与决策

图 7-3　智能加工示意图

基于数字孪生的智能加工技术可充分挖掘加工过程中的数据，利用无扰嵌入式多源感知 GPU 高性能技术构建数字孪生模型，准确地描述航空发动机关键构件的加工过程，有效整合与关键架构加工相关的人机知识，并加速机器知识的学习，达到提高加工品质的目的。

具体而言，基于数字孪生的智能加工技术的开发涉及以下关键技术环节。

① 智能加工技术体系构建。面向复杂构件制造场景，实现物理实体与虚拟实体的融合，构建基于数字孪生的智能加工技术体系，涵盖对加工过程的模拟仿真、数据分析处理、调节控制等各项操作。

② 现场多源数据无扰感知与处理。加工过程具有高度非线性的特性，预测难度高，对此借助 5G、智能传感等技术提升对加工过程的感知能力，在不受干扰的条件下完成对多源数据的感知，实时掌握加工进展、设备状态等加工现场的关键信息。

③ 数字孪生工艺模型构建。构建加工过程的数字孪生模型，依托模型对加工过程执行行为模拟、可靠性检验、运行监控及分析等操作，同时持续扩充机器知识，实现人机知识的整合应用。

④ 数据驱动的加工过程调控与自主进化。采集、分析加工过程数据，通过加工过程的实际状态判断加工品质，识别加工过程中存在的问题，据此对加工过程实施调整优化。

7.1.3 整体叶盘制造过程的应用

从构造特点来看，新型航空发动机整体叶盘的壁比较薄，同时叶片的扭曲程度较高。为防止叶片在执行铣削操作时发生振动进而造成表面缺陷，铣削工艺需达到极高的稳定性，因此切削加工是整体叶盘制造过程中非常关键的工艺环节，需切实保障工艺设计的质量和可用性。

切削加工过程中的变化非常频繁也非常迅速，为实时监测带来了很大困难，在加工进行的过程中无法预知加工结果。目前，整体叶盘铣削过程的持续时间很长，最长可达 100 小时，并且返工率也比较高，一般超过 25%，由此产生了极高的工时成本。与此同时，整体叶盘设计呈现出轻量化的趋势，未来设计结构将变得越来越复杂，而就目前的制造工艺和设备而言，很可能在短时间内便无法再满足这种设计演变的要求。

针对上述局面，有效的解决方案是构建整体叶盘的数字孪生模型，借助模型监测加工过程，及时识别振动等异常状况，并对加工过程实施调节优化，以实现高效高质量加工，保障加工安全，节省加工成本，从加工制造环节入手提升整体叶盘的性能。

（1）现场多源数据收集和处理

整体叶盘切削加工过程具有高度非线性的特征，有可能出现热变形、系统振动等异常物理现象，这为加工现场数据采集和加工过程监测增添了不小的困难。针对这一问题，可采用以下技术和设备加以解决。5G 技术的通信延迟低且稳定，并且可利用低延迟构建控制闭环，满足实时控制对信息处理速率的要求。在微型传感器和5G通信模块的支持下，数据采集和传输可在无线条件下进行，同时监控的控制力度也将有所加强。将配备5G的传感器置于试件上，可采集到准确的故障数据，完成实时故障检验。在试件上加装无线智能传感器以监测铣削加工过程，检验过程进行的稳定性，此智能传感器可采集试件的微型加速度数据，据此监控加工过程试件的振动情况。如果检测到振动信号的频率范围达到10kHz，则传感器系统会将信号数据反馈给外设于机器的接收器系统，由后者对数据实施分析，以判断加工过程的稳定性。

（2）数字孪生模型构建

传统的工艺设计采用试错法，这种方法效率低下，且其实际效果很大程度上取决于人的经验，为此阶段的成本和用时控制带来了难题。针对以上问题，借助传感器等设备采集实时数据，构建设备及加工过程的多维度模型，在此基础上开展仿真分析，构建整体叶盘制造过程的数字孪生模型，基于虚实映射交互提升加工制造过程中的分析、预测、优化、决策等各项能力。

（3）加工过程调控与自主进化

通过实时监控识别存在缺陷的零件，避免其进入后续的加工步骤，同时确定缺陷的位置及详细信息，执行缺陷零件的返工操作；同时，开展加工过程的实时控制，改进加工工艺，提高加工柔性，实现加工的自适应和自我优化，避免出现更多的缺陷。此处以叶片振动状态控制为例讲解加工过程的自适应控制，如图7-4所示。

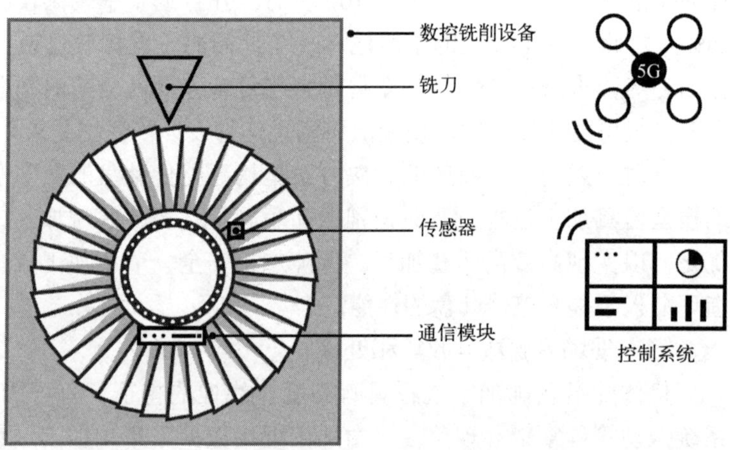

图7-4　自适应控制过程

在这一过程中，自控制系统采集传感器数据和刀头位置数据，将数据关联至工件表面的相应部位，并根据叶片模拟数据形成控制策略；而后以上述数据作为输入数据，结合当前工况信息确定最优主轴速度，将此结果反馈至控制系统，由此实现闭环控制。以上过程能够有效控制叶片振动幅度，防止振动过于剧烈造成加工中断和试件损坏。

数字孪生技术基于物理空间和虚拟空间的相互映射实现对生产过程的优化，是推动制造业转型创新的重要技术支撑。而作为高端制造业的代表，航空发动机制造的技术水平在一定程度上反映了一个国家在制造业转型升级方面取得的成果。因此，融合数字孪生技术与航空发动机制造，对于实现我国制造业的高质量发展意义重大。在数字孪生技术的驱动下，航空发动机制造将沿着数字化、智能化的方向持续演进，不断提升产品的性能和竞争力，为产业升级作出重要贡献。

7.2 数字孪生在精密刀具工厂中的应用

7.2.1 数字孪生的映射关系

在工业制造领域，刀具是影响产品加工质量和效率的重要工具。近年来，我国经济飞速发展，刀具需求量迅速增长，根据智研咨询的统计数据，2022 年，我国刀具市场规模为 512 亿元。我国既是生产制造大国，也是刀具消费大国，但仍需大量进口精密刀具。受技术保护等因素的影响，大多数国家的精密刀具生产制造技术对中国保密，部分国家甚至禁止向中国出口精密刀具。为了推动装备制造业快速发展，加强安全保障，我国需解决精密刀具设计制造技术落后问题，推动精密刀具加工行业升级。

在刀具加工行业，基于数字孪生的刀具智能生产流程如图 7-5 所示。

刀具加工行业可以充分发挥数字孪生等智能化技术的作用，构建用于刀具加工的智能工厂参考模型、工艺信息模型和关键设备信息模型，搭建智能刀具加工单元架构，从刀具生产制造的各个环节入手，提高整个生产流程的数字化程度，为我国建设基于数字孪生技术的智能化精密刀具加工生产智能化工厂提供支持。

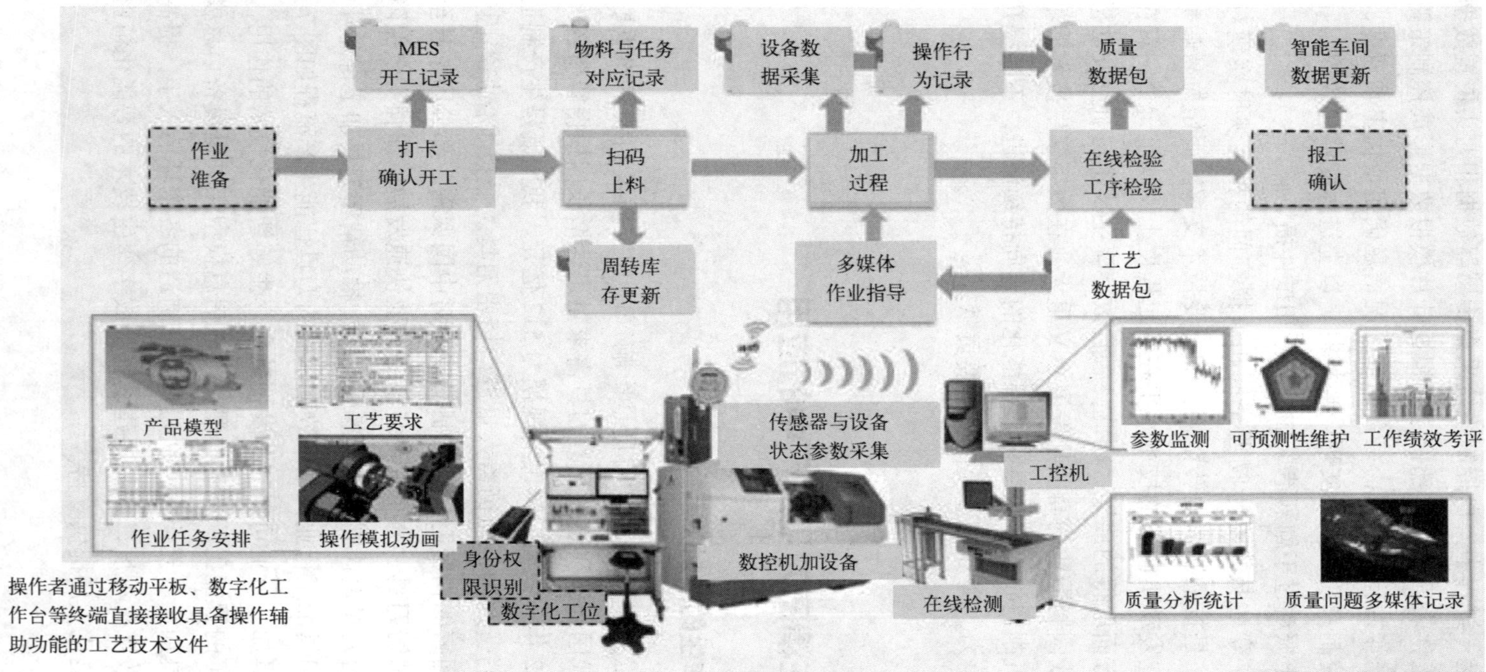

图 7-5 基于数字孪生的刀具智能生产流程

7.2.2 刀具智能工厂的参考模型

智能工厂可以实现智能化生产和加工，数字孪生工厂是虚拟空间中的智能工厂，可以实现虚拟仿真加工和生产。数字孪生技术在智能精密工具加工车间中的应用涉及产品生命周期中的多个环节，如设计、计划、生产、服务等，可以形成双向数据流，助力车间实现协同制造、敏捷制造、柔性加工、智能操作和精确管理。

近年来，物联网等技术在生产制造领域的应用日渐深入，各项智能刀具生产设备可以借助网络互相连通，刀具生产车间的智能化程度也越来越高。就目前来看，精密刀具生产流程主要包含五个环节，分别为粉末混合、压制烧结、精密磨削、钝化、清洗和涂层，数字孪生技术在这些环节中的应用可以有效推动刀具生产车间向信息化的方向发展。

对刀具加工行业来说，可以从工艺流程出发，充分发挥数字孪生技术的作用，构建基于智能刀具生产单元的智能工具车间参考模型，在该模型中，各个智能生产单元均具备感知、传输、计算和制造功能，可以支撑刀具智能制造车间根据各项相关数据完成感知、分析、决策和执行等工作。

具体来说，精密刀具智能工厂参考模型如图 7-6 所示。

7.2.3 智能生产互联互通信息模型

在融合了数字孪生技术的智能制造生产线中，各项智能刀具生产设备可以通过网络互联，刀具加工车间数据库可用于存储、管理和运行维护各项生产运行数据、质量管控数据和物流运行数据，在数据层面为智能生产管理提供支持。具体来说，刀具智能生产设备的互联互通信息示意图如图 7-7 所示。

从精密刀具智能生产线的各项相关要求出发，搭建工业网络架构，并在此基础上推动智能生产线与生产过程互连和交互，支撑精密刀具生产全流程实现协作和共享。从网络建设方面来看，刀具加工行业将光纤作为骨干网络，同时在车间利用无线局域网搭建分层网络架构，并借助这一网络架构统一管理和应用各项相关软件及数据。不仅如此，刀具加工行业还要利用网络连接起各项分散的设备，如数控磨削设备、物流设备、工业机器人等，以便实现状态感知、实时分析、自主决策等功能，实时采集各项生产所需数据，同时整合加工设备和信息技术，综合运用信息技术、刀具技术和生产业务管理等相关技术和手段，在数据信息和技术等多个层面为业务升级提供支持。

在数字孪生技术下，刀具智能制造的关系架构如图 7-8 所示。

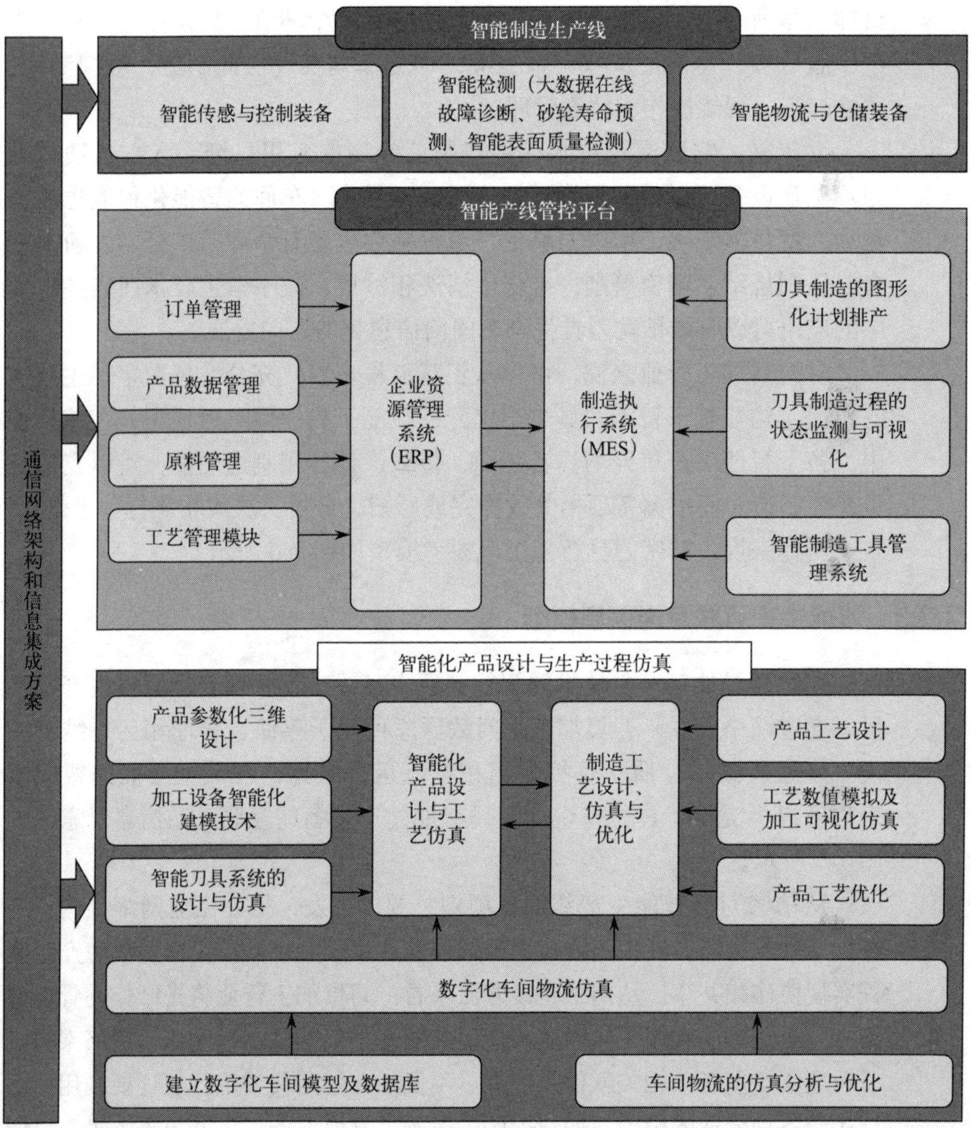

图 7-6　精密刀具智能工厂参考模型

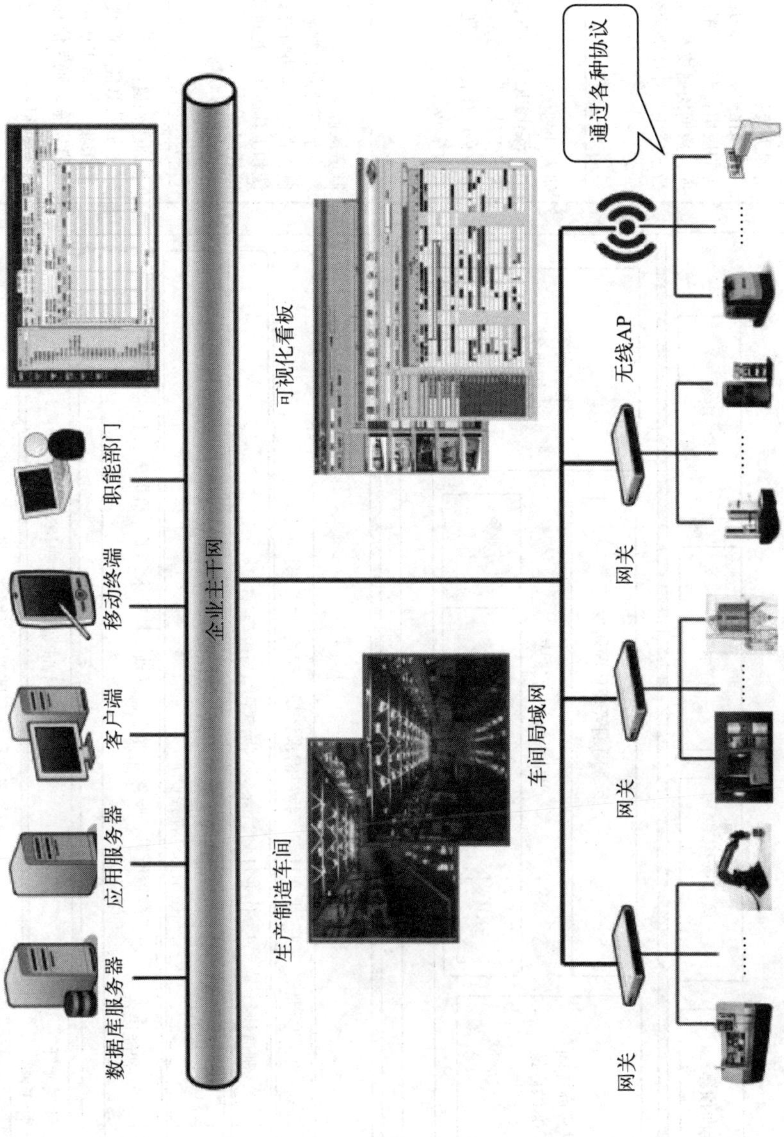

图 7-7　刀具智能生产设备的互联互通信息示意图

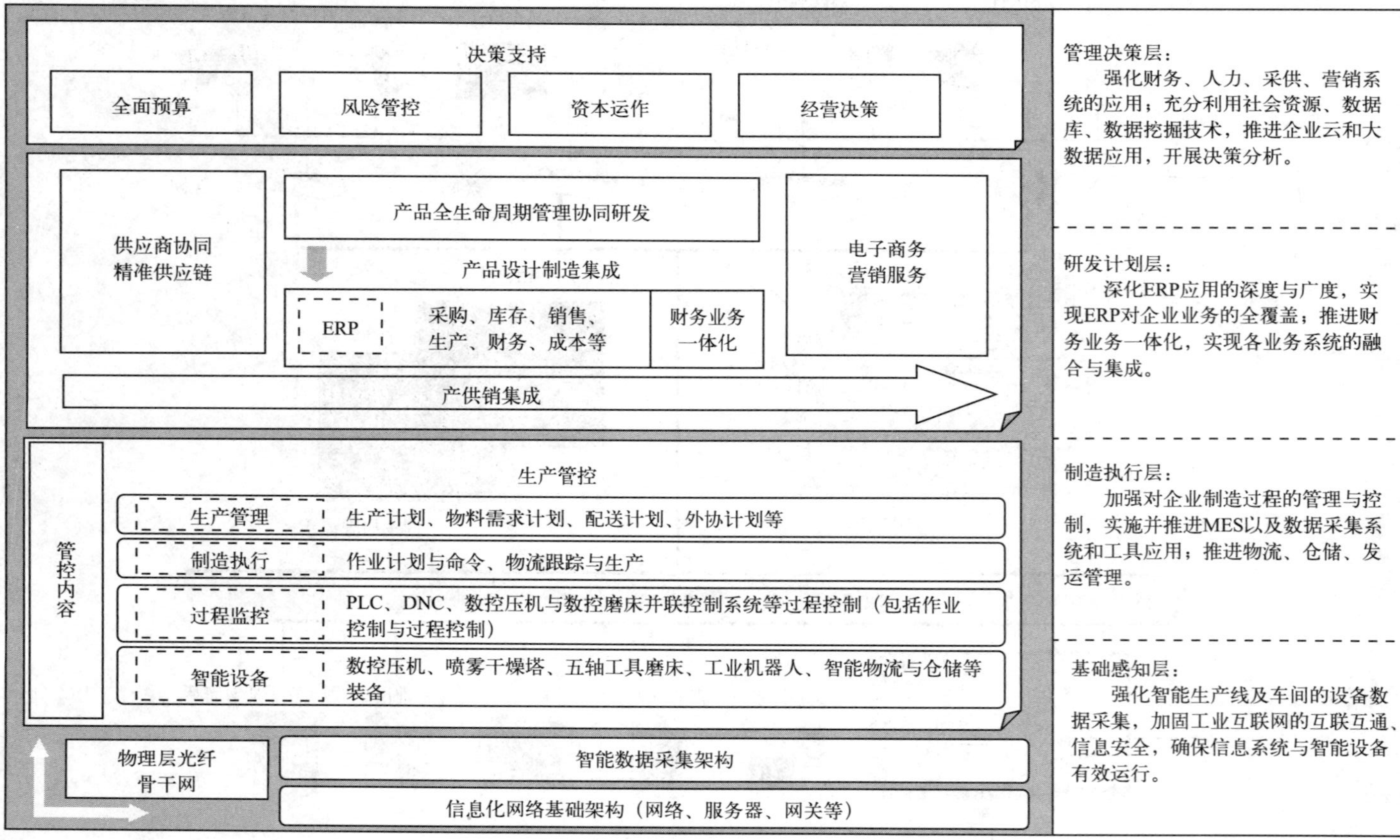

图 7-8　刀具制造的关系架构

（1）基础感知层

刀具加工行业可以引进高端核心技术，积极建设数据中心，并充分发挥各项先进技术和相关数据的作用，提高设备制造水平，以更加智能化的方式使用和管理各项设备。与此同时，也要创新网络基础设施，优化数据信息采集方案，为连通设备、生产、运营、质量、信息系统、设施、关键材料等各项相关要素提供支持，充分保证整个生产流程中的各环节可稳定运行。

（2）制造执行层

刀具加工行业在生产制造过程中融入各项先进技术，如智能物流、人机互动、多机并联控制等，提高产业链的灵活性以及网络化和定制化水平。与此同时，在各个工序产线和车间中充分发挥生产执行系统（MES）的作用，对产品全生命周期中的各个环节进行精益化管理，并进一步加强精密刀具智能制造生产线建设。

不仅如此，还要在刀具胚体车间和刀具精密磨削车间分别建设智能制造生产线，实时采集各项制造数据，通过网络来监控生产制造流程，在配体车间中应用 MES、产品生命周期管理（PLM）和企业资源计划（ERP），为刀具胚体车间与刀具精密磨削车间之间的信息交互提供支持，并充分发挥信息化集成系统的作用，优化各项管理工作，如生产组织、质量改进和采购管理等，进而实现产品质量追溯和设备全生命周期管理等功能，以便落实各项制造执行工作。

除此之外，也要大力推进智能工厂建设，不断提升各项生产设备的数字化和智能化程度，将传感器、工业大数据、射频识别技术等先进技术以及 MES 应用到生产制造中，加强对刀具生产制造流程的控制以及对供应链及产品质量的跟踪。

（3）研发计划层

近年来，虚拟仿真、数字模型等先进技术在工业制造领域的应用日渐深化，产品的信息技术含量和附加值进一步提升，刀具加工行业需要深入研究和应用各项先进的虚拟制造技术，如虚拟加工、数字工厂仿真、CAX 等，建设信息集成应用平台，充分发挥 PLM 的作用，借助互联网专线提高异地产品研发和设计的协同性，升级已有产品，不断开发新产品，并优化工厂物流布局，提高生产能力和生产效率，充分保证产品质量，推动供应链管理走向精益化。信息集成应用平台通过信息门户获取采购、生产和物流等环节的信息，优化完善物流管理，并采集功能模块的各项数据，进一步完成数据转换、数据过滤和数据优化工作。

（4）管理决策层

利用网络连接供应链各环节及市场，为供应链各环节之间共享市场需求、研发设计、加工和制造等方面的各项信息提供方便。在网络互联的支持下，刀具加工行业可根据实际需求灵活配置财务、人力、采购和营销等方面的各项资源，促进资源实时交互，也可以深入挖掘和利用各项相关数据，革新生产模式，加强供应链协作和研发协作，利用大数据、云计算等先进技术优化决策。

应用大数据、云计算等先进技术，用户构建相关模型，分析经过优化的企业数据，并根据分析结果生成相应的质量管理报告、生产绩效报告、制造合规性报告和产品生命周期管理报告等内容，推动生产、管理、销售、服务等环节实现智能化决策。

7.2.4 智能刀具单元架构与生产流程

在智能工具车间中，刀具智能制造生产线可以将通用信息模型与工具生产过程信息模型相结合，集成过程实施、过程管理、生产质量管理、车间设备管理等多个环节，实现对刀具生产全过程的智能化控制。具体来说，刀具智能制造生产线信息化集成如图 7-9 所示。

明确刀具生产加工工艺流程，并在此基础上构建智能刀具车间参考模型，在刀具制造车间中搭建多层次数字孪生网络架构。具体来说，在刀具制造车间的数字孪生网络架构中，物理层包含各项刀具生产和物流设备的物理实体信息；模型层可反映物理实体与虚拟实体之间的映射关系；数据层可实时采集生产设备和生产环境相关数据，构建数据库系统，分析车间设备的各项数据信息，在数据层面为决策提供支持；服务层具备故障管理、能耗管理等功能，可以优化智能生产车间设备管理以及生产加工管理和控制；应用层具备设备监测、故障诊断和预防性维护等功能，可以在硬件层面为刀具生产加工提供支持。

刀具生产工艺流程包含粉末制备、湿法研磨、造粒、喷丸、清洗、涂层、测试、包装等多道工序，需要用到多种设备，具有较高的复杂度。一般来说，刀具生产设备可以按照工艺特点划分为粉末制备、压烧结、细磨、钝化清洗和涂层五个生产单元，且各个生产单元都具备物理层，刀具加工行业可以借助刀具智能车间实现对整个刀具生产过程的智能化控制。具体来说，刀具智能车间单元架构如图 7-10 所示。

在数字孪生技术的作用下，物理空间中的刀具制造车间将映射到虚拟空间中，车间生产控制的智能化和透明化程度得到进一步提升，支撑刀具

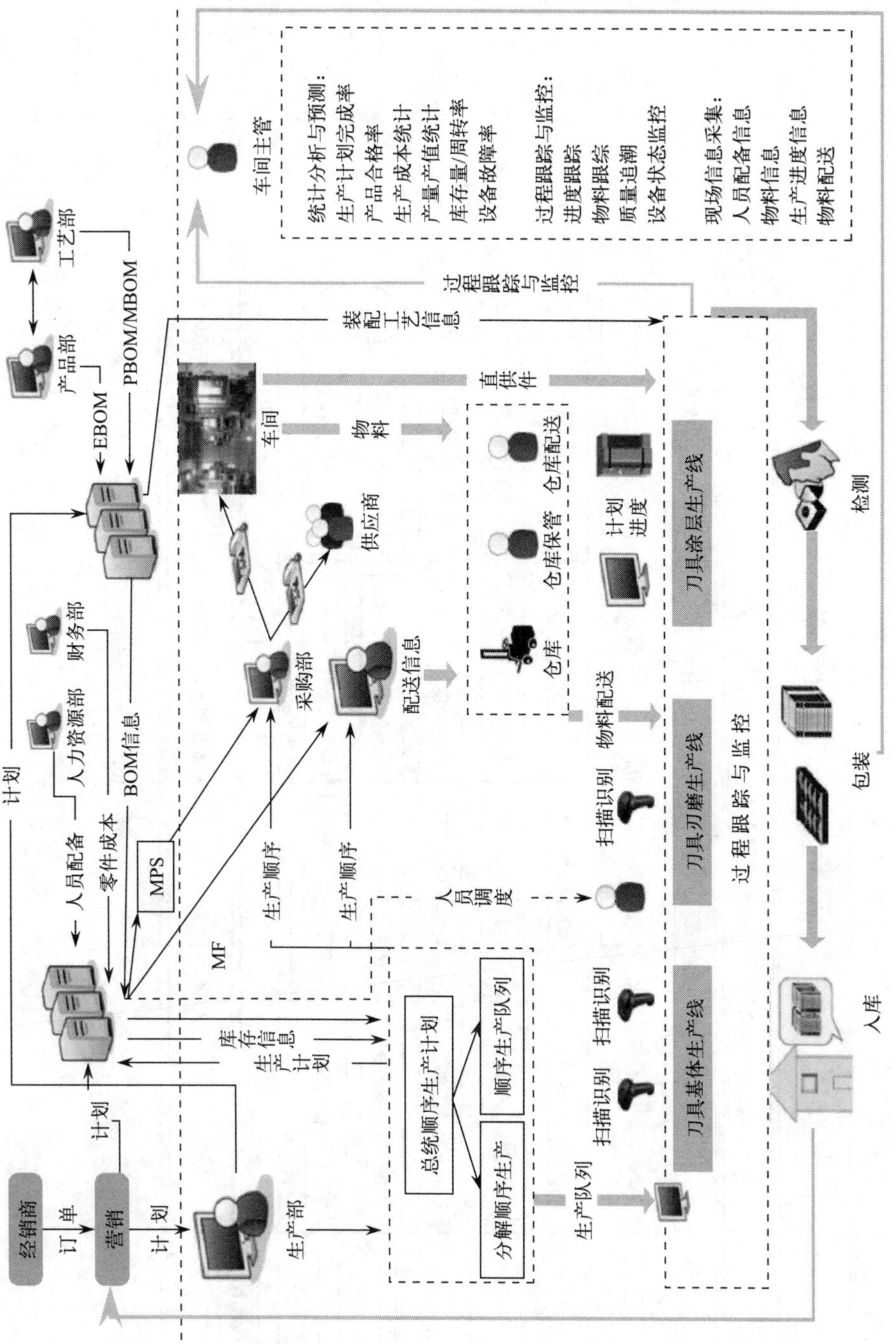

图 7-9　刀具智能制造生产线信息化集成

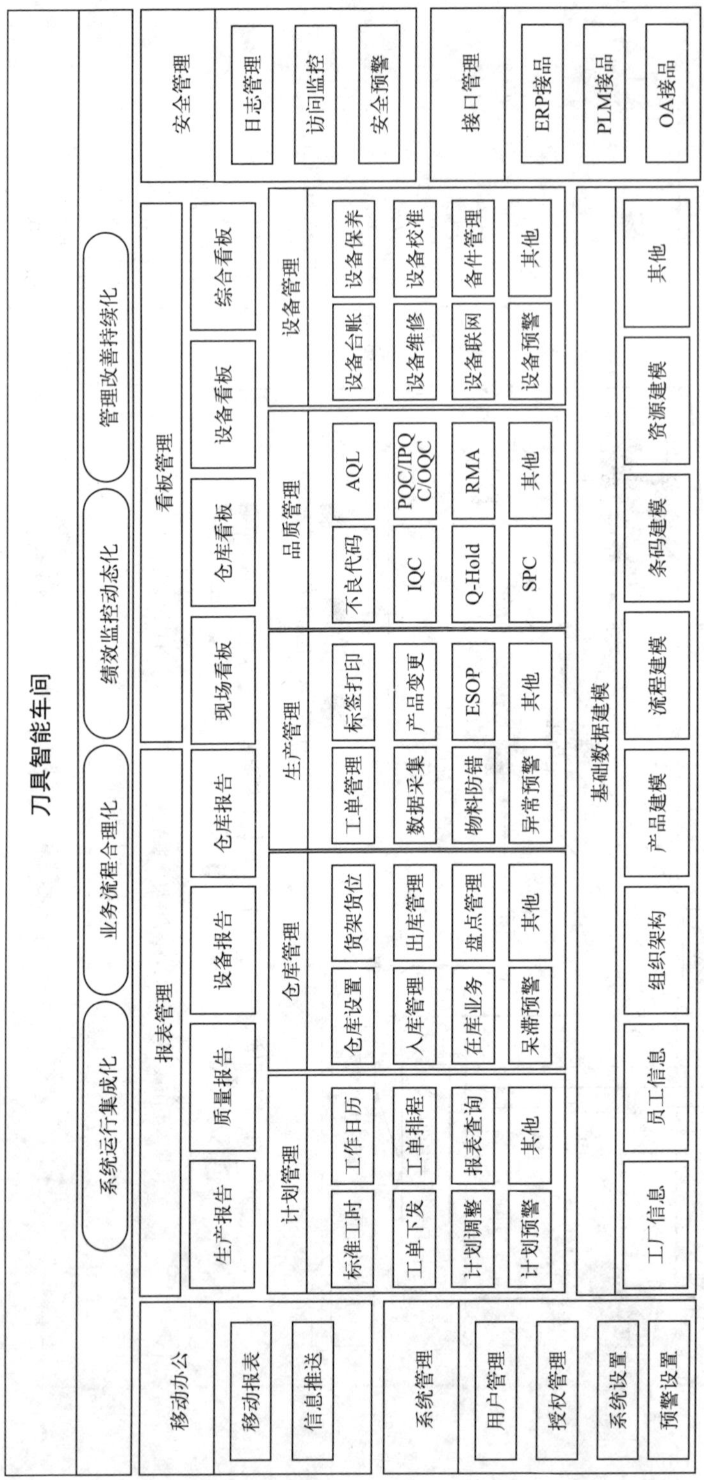

图 7-10 刀具智能车间单元架构

加工行业优化配置刀具生产制造资源，提高生产过程中各环节之间的协同性。

就目前来看，在不同的工具生产领域、不同的企业中，智能设备和智能传感器的应用情况和发展水平存在一定差异，数字孪生技术尚未广泛应用到整个工具产业链当中。但从发展和应用前景上来看，数字孪生技术刀具智能工厂是刀具制造领域发展的重要方向，数字孪生技术的应用可以有效提高刀具制造的柔性化程度，助力刀具加工行业实现智能工具设备的预测性维护，加强对刀具生产的智能管理和集成化控制。

近年来，大数据、人工智能、工业互联网等先进技术在制造业领域的应用日渐深入，未来，在智能设备和智能传感器技术的支持下，数字孪生技术也将被广泛应用到工具产业链中，进一步提高工具制造的智能化水平，推动刀具加工行业实现精密刀具智能制造。

7.3 数字孪生在纺织智能工厂中的应用

7.3.1 数字孪生赋能纺纱智能工厂

在全球经济格局深刻变化、技术革命浪潮席卷而来的当下，产业链高端化升级成为各行各业的重要发展任务。纺织产业作为我国重要的基础性产业，其发展对国民经济的整体稳定性影响巨大。2023 年，国家发展改革委、工业和信息化部等多个部门联合印发了《纺织工业提质升级实施方案(2023—2025 年)》，调动多方资源推动纺织行业的转型升级。在此背景下，国内纺纱、针织、化纤、印染、制衣等各产业环节的企业展开了积极的探索，将目光投向了正快速发展的各类前沿技术。

在技术发展的推动和市场需求的刺激下，各类新兴技术与工业生产的融合程度不断加深，信息物理系统（CPS）、工业互联网、数字孪生（又称数字映射、数字镜像等）等技术已经开始在工业生产活动中创造价值。在此基础上，为了进一步获得发展先机，提前为大规模产业变革蓄力，我国以技术为引领，将“以加快新一代信息技术与制造业深度融合为主线，以推进智能制造为主攻方向”作为接下来一段时期内产业发展的重要指导。

当前，我国正凝聚多方力量大力推进纺织行业的全流程现代化升级。科学技术部、工业和信息化部、中国纺织工业联合会等机构积极推进智能制造、纺织等相关领域内产学研一体化发展体系的构建，以便在纺织装备数字化、网络化和纺织车间信息化的基础上，进一步实现生产控制的智能化和生产过程的自动化，以新技术为引擎，带动整个行业克服发展模式落后、技术支撑薄弱、核心技术与软件支撑能力不足、融合新生态发展滞后等问题。

纺织行业的转型升级，离不开数字孪生技术的支撑。数字孪生技术的全流程优化管理，能够充分满足高端纺织业柔性化生产、精细化管理的需要，因此基于数字孪生技术的纺纱智能工厂获得了国内各界的关注。但由于纺织领域涉及多学科、多技术的交叉，其产品也具有明显的多样化特征，因此对于不同的产品链条和不同的生产环节，数字孪生技术的应用也存在一定差异。

① 作为纺织产业链中游的产品和纺织产业链下游的原料，织物的全生命周期管理影响着整个产业链条的价值创造。数字孪生技术面向该产品的主要应用方向为仿真预测其在设计、生产、仓储物流、使用等各个环节的状态，以保证其满足下游市场的需要。

② 作为核心生产工具，纺织装备的运行和健康情况直接决定了车间的生产力水平。数字孪生技术在该方面的应用是提供能够实时监控设备运行状态、预测设备健康状况的数字孪生模型。

③ 作为重要的生产活动，纺织生产车间的运行与管理影响着工厂的生产效率和生产灵活性。在该领域，数字孪生应用的侧重是通过数据流处理实现制造过程的监控、做出科学的生产决策、合理配置生产资源。

④ 从行业服务角度来看，可以使用数字孪生技术实现纺纱智能工厂方案的可视化知识沉淀，为纺织行业其他领域提供转型范本。

7.3.2 纺纱智能工厂的参考模型

当前，数字孪生技术的重要应用路径之一是通过技术赋能推动传统工厂转型为智能工厂。

以纺纱为例，在相关技术的推动下，我国的纺纱车间已经具备了一定的自动化和智能化基础，同时，具有行业通用性的设备交互标准和物联网标准也已逐渐完备，这都为数字孪生技术的应用创造了良好的条件，真正赋予了纺织车间通过物理系统与信息系统的交互实现生产过程全流程管理、精细化控制、柔性化调整的能力。

为进一步提升纺纱智能车间的生产能力，提出了依靠智能纺纱单元赋能的智能纺纱车间参考模型，如图 7-11 所示。

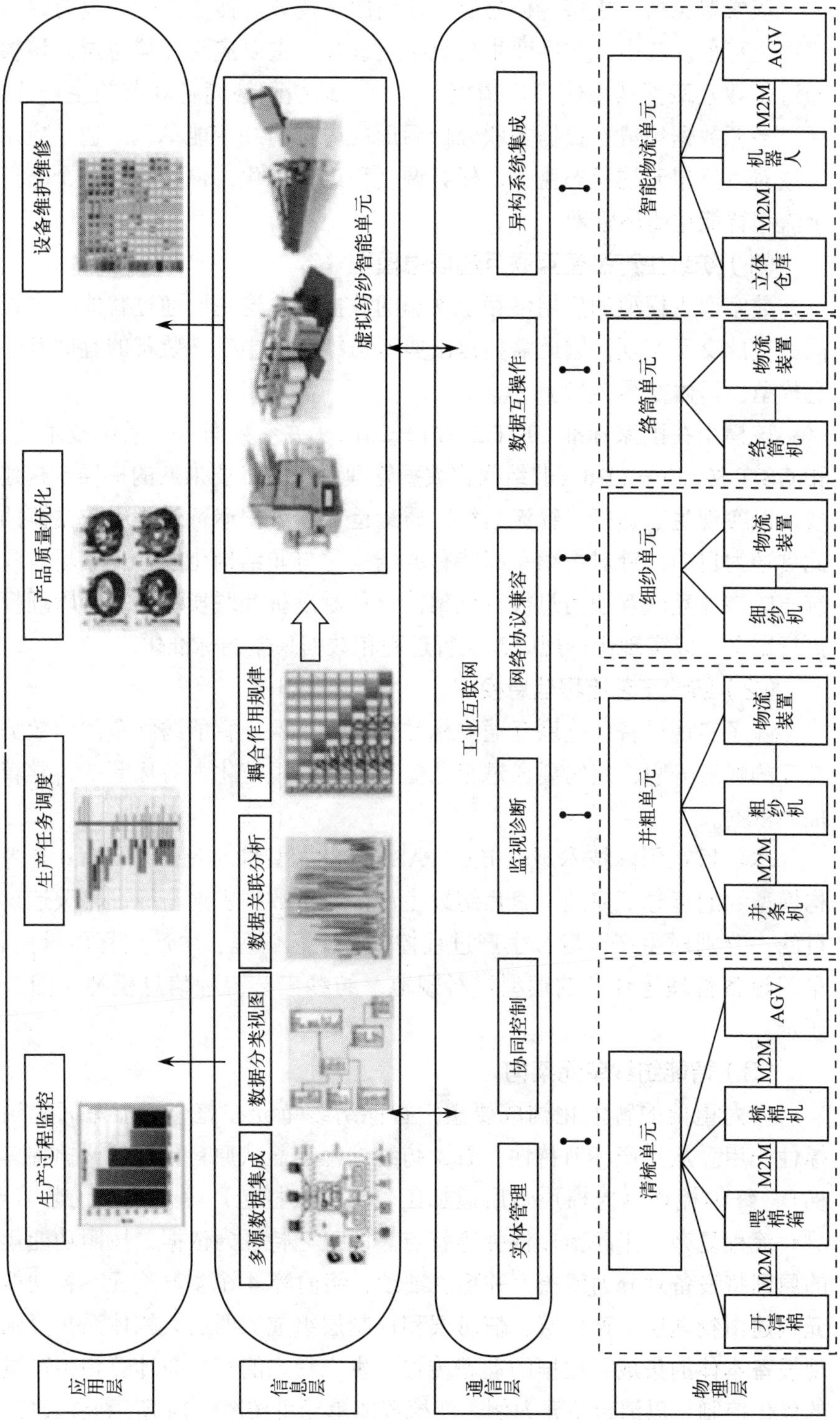

图 7-11 纺纱智能工厂参考模型

该模型包括应用层、信息层、通信层、物理层四个部分，具有显著的流程化特征。其中，数字孪生与数字主线技术主要应用在信息层，该模块通过工业互联网获取物理层清梳、并粗、细纱和络筒各环节的生产信息，经过多源数据集成、数据关联分析后形成虚拟纺纱智能单元，通过应用层完成对生产单元的状态监控、任务调度和过程优化，最终实现整个工厂的全流程智能化闭环管理。

（1）纺纱生产装备互联互通信息模型

数字孪生模型的应用依赖于动态的数据流，这主要通过智能生产设备间的彼此交互实现，因此需要提出典型纺纱车间中生产装备的互联互通信息模型，具体如图 7-12 所示。

该模型在国家标准 GB/T 28821—2012《关系数据管理系统技术要求》和 GB/T 32630—2016《非结构化数据管理系统技术要求》的指导下构建完成，以实现生产运行、物流运行、质量运行、维护运行过程中数据流的彼此贯通为目的，针对纺织车间特有的结构化与非结构化混合存储场景建立统一的装备互联互通信息模型框架，分别对设备互联模块和运行管理模块进行定义，以实现运行规则、执行过程和数据采集的标准化。

（2）纺纱工艺流程信息模型

除了实现设备间互联互通的标准化，为了保证智能纺纱车间内数据流交互的畅通无阻，还需要通过工艺信息标准的规范化为各环节的科学管控提供依据。

本项目在国际技术规范 IEC/ PAS 63088《智能制造　工业 4.0 参考架构模型》的指导下完成，聚焦纺纱生产全链条数据贯通与标准化改造这一目的，分别对生产调度、生产过程控制、工艺管理、生产过程质量控制、车间设备管理等环节的模型进行规范，纺纱工艺流程信息模型如图 7-13 所示。

（3）智能纺纱单元架构

作为重要的智能化构成要素，智能纺纱单元在整个智能车间起到支撑性作用。从生产环节特性上看，纺纱过程涵盖从原料预处理（抓棉、清棉）、纤维梳理（梳棉）到后道加工（络筒、打包）等十几个工艺节点，具有流程复杂、工序衔接性强等特点。以工艺特征为依据，按照功能集群的原则将设备划分为清梳、并粗、细纱、络筒等 4 个生产单元，各功能单元构建由物理层、通信层、信息层和控制层组成的四层架构体系，分别实现设备本体的集成、数据的动态传输、生产状态的感知与计算和生产过程的优化控制。以清梳单元为例，清梳智能单元可按图 7-14 所示架构建设。

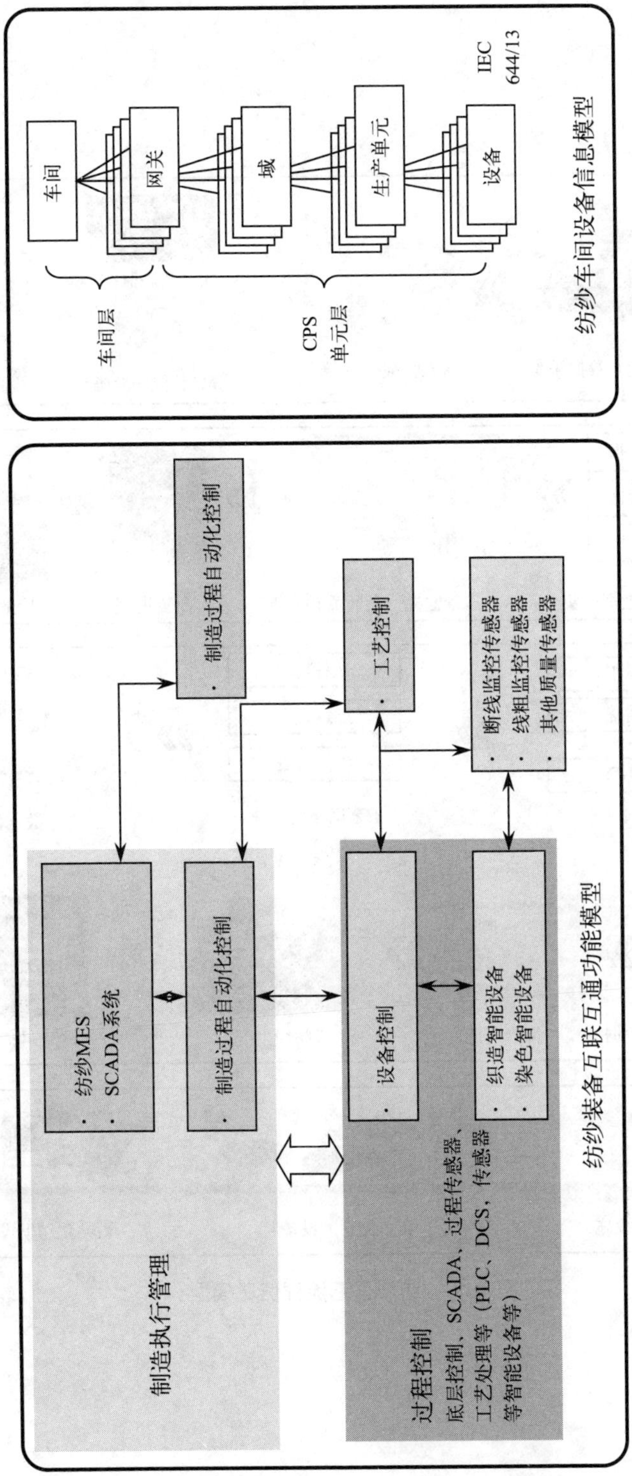

图 7-12　纺纱生产装备互联互通信息模型

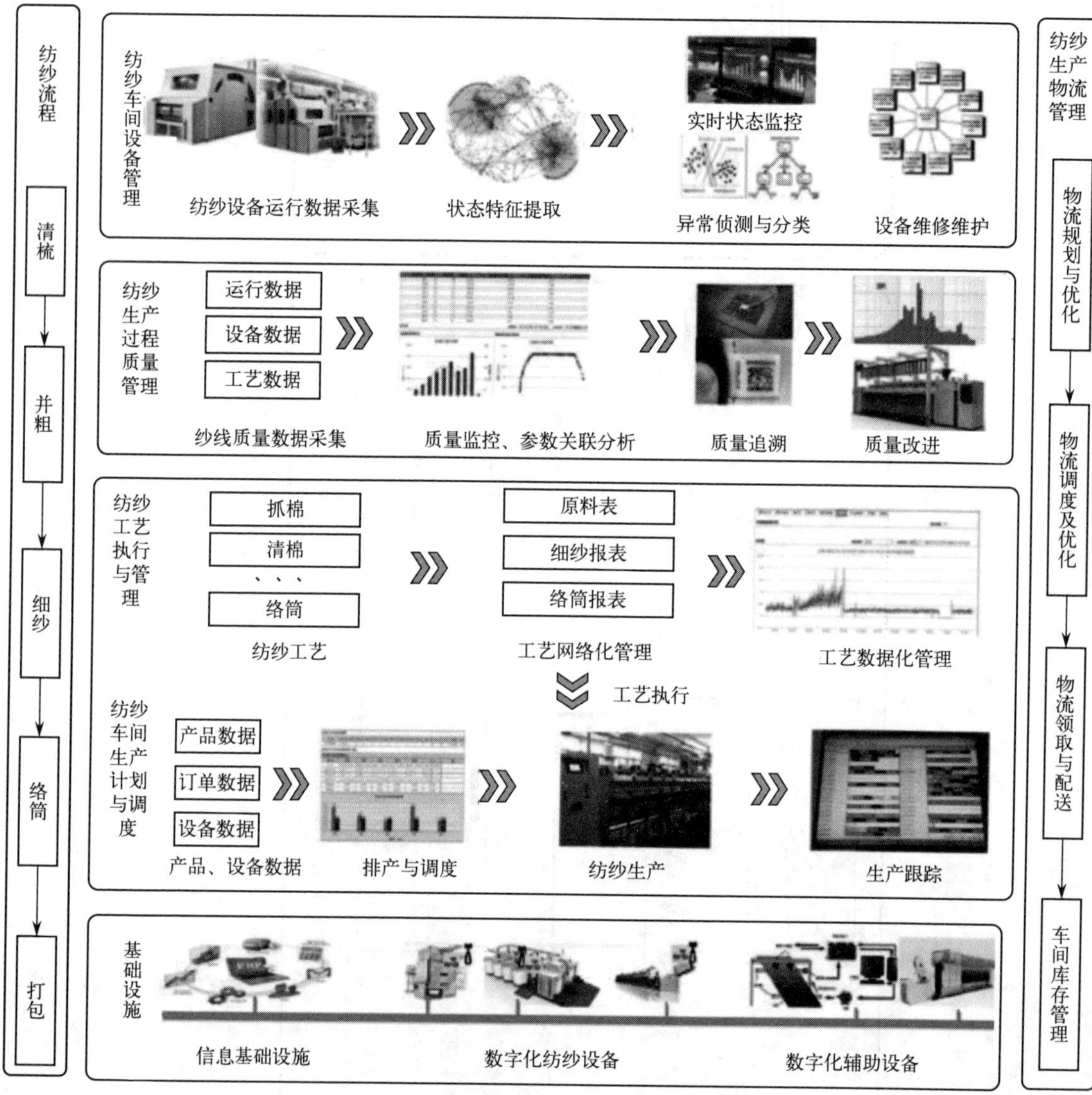

图 7-13　纺纱工艺流程信息模型

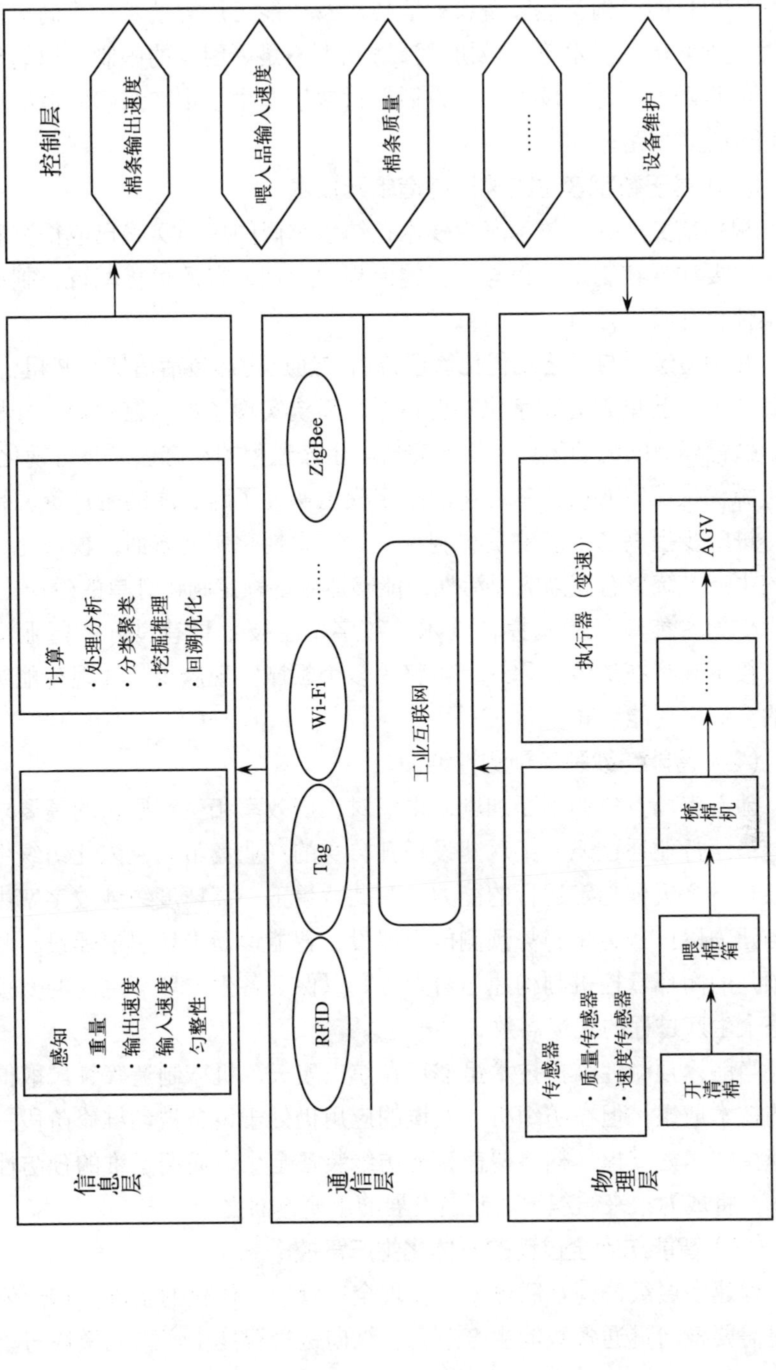

图 7-14　清梳智能单元架构

7.3.3 数字孪生在纺织领域的应用展望

尽管数字孪生技术为纺织业智能化转型提供了创新解决方案，但其规模化应用仍然受到智能装备、智能传感及智能工厂等技术在不同应用领域内发展不均衡、技术跨领域协同渗透能力不足等因素的限制。以纺纱智能工厂的实践为例，从以下三个方面探讨数字孪生技术在纺织领域的应用方向和价值实现路径。

（1）基于数字孪生的柔性制造单元技术

根据前文所述，数字孪生技术在纺纱车间的应用实践已取得突破性成果，主要体现在制造过程与工艺的流程化管理、资源优化配置、制造过程的柔性化升级等方面。

在制造过程与工艺流程化管理方面，通过构建包括清梳、并粗、细纱、络筒四大工艺单元的数字化映射体系，系统实现了数据在感知、分析、决策、执行环节的流动闭环，从而完成了生产过程的动态监测与可视化管理。在资源优化配置方面，单元化的数字模型实现了跨工序的生产资源智能调度，进一步提高了系统的资源利用率。在柔性化制造方面，模块化、参数化的生产系统具有更高的灵活性，能够适应各种定制化订单的生产。

作为智能单元的支撑性技术，数字孪生技术具有良好的行业支撑能力，接下来将在纺纱、化纤、染整等多个领域实现应用，实现智能纺织工厂的全流程智能协同。

（2）智能纺纱装备预测性维护

随着市场竞争的不断加剧，市场对生产效率和生产质量的高要求正推动着纺织行业通过无人工厂建设提升自身的产业竞争力，因此纺织生产设备须具备全天候稳定运行的能力。在此背景下，高精度纺纱数字孪生体系的构建需以设备劣化趋势预测能力建设、智能诊断推理引擎建设、基于风险预判的闭环管控机制构建为着力点，以保证各生产环节之间的衔接顺畅和整个生产过程的连续高效。

当前，预测性维护技术虽然已在航空航天、机床制造等领域取得了一定的技术成果，但在纺织机械领域的应用仍处于设备被动维修阶段。以数字孪生技术为支撑，构建覆盖智能纺纱装备全生命周期运维的预防性维护技术，将成为未来纺织智能制造发展的重要方向之一。

（3）智能纺纱全过程的一体化生产管控

构建多层级协同互联体系是实现全厂管控一体化的基础，这一体系的构建需要横向贯通各智能生产单元、纵向链接智能生产单元模块与车间管理系统并实现单元内部设备的深度交互，以此构建立体多维的数据传输与信息交互网络，实现物质流和信息流的实时精确映射。

数据作为重要的生产要素承载着大量高价值信息，以各生产单元实时产生的数据流为基础构建具有决策支撑能力的车间数据模型，并配合大数据分析技术完成生产规律总结、生产状态预测等活动，能够进一步释放数据要素价值，为生产工艺优化和生产智能化控制提供支撑，这也是当前纺织智能制造领域需要攻克的技术难点。

作为具有代表性的智能制造技术，数字孪生技术正引领着传统制造业的变革浪潮。数字孪生技术在纺织领域的应用为我国其他领域的转型升级提供了新的发展范式，同时也将进一步推动纺织行业的整体升级，催生智能纺织品设计、智能纺织、智能纺织装备等领域的技术裂变，赋能产业链形成新的价值创造高峰。

随着工业互联网、大数据、人工智能等前沿技术的发展与融合，新一轮的技术革命将纺织行业引入产业升级发展的“黄金时期”。数字孪生技术在纺织智能工厂、纺织装备预测性维护、纺织生产智能管控等领域具有巨大的应用潜力，预示着纺织行业的产业竞争力将在未来进一步提升。当前的迫切任务在于加速构建行业统一的智能制造标准体系，打造互联互通的数据融通生态，着力推进智能制造规范、数据交互协议等标准的研制工作，持续巩固我国在全球纺织价值链中的创新引领地位。

参考文献

[1] 李姗姗．纺织外贸方式数字化转型路径研究 [J]. 染整技术，2025，47(07)：163-165.

[2] 史建成，林晨阳，李明贵．基于数字孪生的电子装备车间智能管控方法 [J]. 智能制造，2025(01)：12-16.

[3] 刘亮，贺禹铭．AI 赋能的精益智能数字孪生仿真体系研究 [J]. 机械设计，2024，41(11)：58-66.

[4] 李一波，柏艳红．自动化产线数字孪生系统可视化模型构建 [J]. 工业控制计算机，2024，37(10)：141-142+145.

[5] 王纪章，王涛，付益辉，等．数字孪生技术在农业生产管控中的应用现状与展望 [J]. 农业机械学报，2024，55(09)：1-20.

[6] 马佳利，郭渊博，方晨，等．基于数字孪生的工业互联网安全检测与响应研究 [J]. 通信学报，2024，45(06)：87-100.

[7] 周法法．工业智能化与制造业全要素生产率：理论与实证 [D]. 杭州：浙江工商大学，2024.

[8] 朱双庆．工具磨床数字孪生技术研究 [D]. 西安：西安工业大学，2024.

[9] 郝春旭，璩爱玉，龙凤，等．国家环境经济政策进展评估报告 2023[J]. 中国环境管理，2024，16(02)：24-31.

[10] 董雅琪．以立谋进发展纺织新质生产力 [J]. 纺织科学研究，2024(03)：14-16.

[11] 张永平，左颖，刘博，等．数字孪生车间制造运营管理平台 [J]. 计算机集成制造系统，2024，30(01)：1-13.

[12] 栾燕，段翔宇，孟祥曦，等．工业设备数字孪生就绪度和成熟度评估指标体系 [J]. 制造业自动化，2024，46(01)：214-220.

[13] 梅林，曹奉来．数字孪生技术在 WCS 中的应用 [J]. 物流技术与应用，2024，29(01)：126-130.

[14] 孙先海，张高鸿，任智旗，等．基于孪生的智能车间建设研究 [J]. 信息记录材料，2024，25(01)：94-96+99.

[15] 游明琳．数字孪生技术在精密刀具智能工厂中的应用 [J]. 科技与创新，2023(20)：9-13.

[16] 刘如意，阮晓华，李旭东．数字孪生技术在物流领域的应用 [J]. 物流技术，2023，42(09)：8-11.

[17] 岳华．数字化与数字孪生技术在智慧物流领域的应用 [J]. 中国储运，2023(08)：49-50.

[18] 彭海波．面向数字孪生的钢铁冶金企业智能工厂建设研究与实践 [D]. 昆明：昆明理工大学，2023.

[19] 管泳．基于数字孪生的典型智造实训平台设计与实现 [D]. 天津：天津职业技术师范

大学，2023.
[20] 李志强，王莉 . 智能工厂物流运营管理的切入点——“智能工厂物流构建”系列连载之五 [J]. 物流技术与应用，2022，27(10) : 210-217.
[21] 柯志胜，赵巍，王太勇，等 . 面向数字孪生的智能虚拟生产线与调试系统设计 [J]. 工具技术，2022，56(09) : 86-91.
[22] 张以晓 . 论数字孪生技术与智慧水利建设 [J]. 黑龙江水利科技，2022，50(07) : 180-183.
[23] 郝春旭，董战峰，程翠云，等 . 国家环境经济政策进展评估报告 2021[J]. 中国环境管理，2022，14(03) : 5-13.
[24] 邱伏生，李志强，王莉 . 如何进行智能工厂物流规划——“智能工厂物流构建”系列连载之一 [J]. 物流技术与应用，2022，27(06) : 184-188.
[25] 吕欣媛 . 数字孪生驱动的掘进设备控制决策方法研究 [D]. 西安：西安科技大学，2022.
[26] 叶炯 . 基于数字孪生的智能工厂 MES 系统研究 [D]. 芜湖：安徽工程大学，2022.
[27] 刘云鹏，刘一瑾，律方成，等 . 数字孪生技术在输变电设备中的应用前景与关键技术 [J]. 高电压技术，2022，48(05) : 1621-1633.
[28] 赵强 . BIM 技术在智慧城市“数字孪生”建设中的应用 [J]. 智能建筑与智慧城市，2022(03) : 108-110.
[29] 柯志胜 . 面向数字孪生的智能虚拟生产线与调试系统设计 [D]. 天津：天津职业技术师范大学，2022.
[30] 刘庆荣，杨翰文，郭群 . 数字孪生技术在高速公路隧道安全预警中的应用 [J]. 中国交通信息化，2021(08) : 133-135.
[31] 史凯钰，张东霞，韩肖清，等 . 基于 LSTM 与迁移学习的光伏发电功率预测数字孪生模型 [J]. 电网技术，2022，46(04) : 1363-1372.
[32] 齐波，张鹏，张书琦，等 . 数字孪生技术在输变电设备状态评估中的应用现状与发展展望 [J]. 高电压技术，2021，47(05) : 1522-1538.
[33] 侍晓冬 . 基于深度学习 DSAE 与 LSTM 的液压泵剩余使用寿命预测 [D]. 秦皇岛：燕山大学，2021.
[34] 郝春旭，董战峰，葛察忠，等 . 国家环境经济政策进展评估报告 2020[J]. 中国环境管理，2021，13(02) : 10-15.
[35] 相晨萌，曾四鸣，闫鹏，等 . 数字孪生技术在电网运行中的典型应用与展望 [J]. 高电压技术，2021，47(05) : 1564-1575.
[36] 张霖，陆涵 . 从建模仿真看数字孪生 [J]. 系统仿真学报，2021，33(05) : 995-1007.
[37] 邱伏生，李志强 . 智能工厂物流系统总体规划导向与逻辑 [J]. 物流技术与应用，2020，25(10) : 154-157.
[38] 黄海松，陈启鹏，李宜汀，等 . 数字孪生技术在智能制造中的发展与应用研究综述 [J]. 贵州大学学报 (自然科学版)，2020，37(05) : 1-8.

[39] 中国人工智能 + 物流发展研究报告 2020 年 [C]// 艾瑞咨询系列研究报告（2020 年第 7 期）. [出版者不详]，2020: 320-371.

[40] 张文龙 . 云 / 雾 / 边缘端协同的轴承故障诊断方法研究 [D]. 济南：山东大学，2020.

[41] 卢阳光 . 面向智能制造的数字孪生工厂构建方法与应用 [D]. 大连：大连理工大学，2020.

[42] 张竞涛 . 数字孪生技术在智能交通应用中的态势与建议 [J]. 信息通信技术与政策，2020(03)：24-28.

[43] 蒋亚东，石焱文 . 数字孪生技术在水利工程运行管理中的应用 [J]. 科技通报，2019，35(11)：5-9.

[44] 杨林瑶，陈思远，王晓，等 . 数字孪生与平行系统：发展现状、对比及展望 [J]. 自动化学报，2019，45(11)：2001-2031.

[45] 崔一辉，杨滨涛，方义，等 . 数字孪生技术在航空发动机智能生产线中的应用 [J]. 航空发动机，2019，45(05)：93-96.

[46] 朱宇，李海宁，曹志涛，等 . 数字孪生在航空发动机制造工艺中的应用探索 [J]. 航空动力，2019(04)：56-60.

[47] 王立平，张兆坤，邵珠峰，等 . 机床制造加工数字化车间信息模型及其应用研究 [J]. 机械工程学报，2019，55(09)：154-165.

[48] 赵虎，赵宁，张赛朋 . 结合价值流程图与数字孪生技术的工厂设计 [J]. 计算机集成制造系统，2019，25(06)：1481-1490.

[49] 苗田，张旭，熊辉，等 . 数字孪生技术在产品生命周期中的应用与展望 [J]. 计算机集成制造系统，2019，25(06)：1546-1558.

[50] 杨洋 . 数字孪生技术在供应链管理中的应用与挑战 [J]. 中国流通经济，2019，33(06)：58-65.

[51] 郑小虎，张洁 . 数字孪生技术在纺织智能工厂中的应用探索 [J]. 纺织导报，2019(03)：37-41.

[52] 秦晓珠，张兴旺 . 数字孪生技术在物质文化遗产数字化建设中的应用 [J]. 情报资料工作，2018(02)：103-111.

[53] 陈宁，梁葆华，王新泽，等 . 基于相空间重构的 PHM 数据处理算法研究 [J]. 计算机测量与控制，2014，22(05)：1484-1486+1529.

[54] 李建增，路广勋，王东锋 . 发射场地面设施健康状态管理研究综述 [J]. 中国测试，2013，39(06)：24-27.

[55] 董庆伟，李耀春，郭纲 . 基于视情维修故障预测技术的研究 [J]. 吉林工程技术师范学院学报，2013，29(01)：73-76.

[56] 王晗中，杨江平，王世华 . 基于 PHM 的雷达装备维修保障研究 [J]. 装备指挥技术学院学报，2008(04)：83-86.

[57] 马骋 . 企业管理信息系统价值评估研究 [D]. 青岛：中国石油大学，2007.